黑龙江省地方标准

黑龙江省绿色建筑评价标准

Assessment standard for green building of Heilongjiang province

DB 23/T 1642—2015

建设部备案号：J13073—2015

主编部门：黑龙江省住房和城乡建设厅
批准部门：黑龙江省住房和城乡建设厅
黑龙江省质量技术监督局
施行日期：２０１５年６月６日

哈尔滨工业大学出版社

2015　哈尔滨

图书在版编目(CIP)数据

黑龙江省绿色建筑评价标准/朱卫中,江守恒主编. —哈尔滨:哈尔滨工业大学出版社,2015.9

ISBN 978-7-5603-5615-0

Ⅰ.黑… Ⅱ.①朱…②江… Ⅲ.①生态建筑-建筑设计-评价标准-黑龙江省 Ⅳ.TU201.5-34

中国版本图书馆 CIP 数据核字(2015)第 220836 号

责任编辑 王桂芝 张 荣

出版发行 哈尔滨工业大学出版社

社 址 哈尔滨市南岗区复华四道街 10 号 邮编 150006

传 真 0451-86414749

网 址 http://hitpress.hit.edu.cn

印 刷 哈尔滨市石桥印务有限公司

开 本 850 mm×1168 mm 1/32 印张 4.875 字数 160 千字

版 次 2015 年 9 月第 1 版 2015 年 9 月第 1 次印刷

书 号 ISBN 978-7-5603-5615-0

定 价 39.00 元

黑龙江省住房和城乡建设厅
公　告

第 160 号

关于发布地方标准
《黑龙江省绿色建筑评价标准》的公告

现批准《黑龙江省绿色建筑评价标准》为地方标准，编号为 DB 23/T 1642—2015，自 2015 年 6 月 6 日起实施。

黑龙江省住房和城乡建设厅

2015 年 5 月 21 日

前　　言

本标准是根据黑龙江省住房和城乡建设厅《关于对编制〈黑龙江省绿色建筑评价标准〉地方标准的批复》函的要求，由黑龙江省寒地建筑科学研究院、哈尔滨市城乡建设委员会会同有关单位编制而成。

本标准是为贯彻落实完善资源节约标准的要求，依据现行国家标准《绿色建筑评价标准》GB/T 50378—2014，并借鉴近年来我省和其他省（市）绿色建筑方面的实践经验、研究成果和先进经验制定的黑龙江省绿色建筑综合评价标准。

在编制过程中，编制组广泛地征求了我省有关单位的意见，结合我省地域（气候、环境、资源、经济、文化及建筑业发展具体情况）特点，对主要问题进行了专题研究与论证，对具体内容进行了反复讨论、协调和修改，并经审查最终定稿。

本标准共分11章，主要技术内容是：总则、术语、基本规定、节地与室外环境、节能与能源利用、节水与水资源利用、节材与材料资源利用、室内环境质量、施工管理、运营管理、提高与创新。

本标准由黑龙江省住房和城乡建设厅负责管理，由黑龙江省寒地建筑科学研究院（地址：哈尔滨市南岗区清滨路60号；邮政编码：150080；邮箱：coldregion@163.com）负责具体技术内容的解释。请各单位在执行过程中，总结实践经验，提出意见和建议。

本标准主编单位：黑龙江省寒地建筑科学研究院
　　　　　　　　　哈尔滨市城乡建设委员会
本标准参编单位：哈尔滨工业大学
　　　　　　　　　哈尔滨工业大学建筑设计研究院
　　　　　　　　　黑龙江辰能盛源房地产开发有限公司

本标准主要起草人员：朱卫中　江守恒　王　力　房家智
　　　　　　　　　　马红蕾　方修睦　张国祥　姜国建
　　　　　　　　　　彭俊清　王玉银　孔德骞　夏　赟
　　　　　　　　　　尹冬梅　刘彦忠　刘兆新　孙世钧
　　　　　　　　　　蔚逸仙　路　毅　张嘉新　单星本
　　　　　　　　　　陈建华　丁建平　阴雨夫
本标准主要审查人员：金　虹　李家和　叶德强　姜允涛
　　　　　　　　　　崔晓伟　陈向明　王玉林　杨勤勇
　　　　　　　　　　艾瑞海　任丽波　陈　巍

5

目 次

Contents

9

1 总 则

1.0.1 为贯彻执行节约资源和保护环境的国家技术经济政策，更好地执行现行国家标准《绿色建筑评价标准》GB/T 50378，推进黑龙江省建筑行业的可持续发展，提高绿色建筑建设技术水平，规范绿色建筑的评价工作，结合我省具体情况，制定本标准。

1.0.2 本标准适用于黑龙江省绿色民用建筑的评价。

1.0.3 绿色建筑的评价应遵循因地制宜的原则，结合建筑所在地域的气候、环境、资源、经济及文化等特点，对建筑全寿命期内节能、节地、节水、节材、保护环境等性能进行综合评价。

1.0.4 绿色建筑的评价除应符合本标准外，尚应符合现行国家及黑龙江省相关标准的规定。

2 术 语

2.0.1 绿色建筑 green building

在全寿命期内，最大限度地节约资源（节能、节地、节水、节材）、保护环境、减少污染，为人们提供健康、适用和高效的使用空间，与自然和谐共生的建筑。

2.0.2 热岛强度 heat island intensity

城市内一个区域的气温与郊区气温的差别，用二者代表性测点气温的差值表示，是城市热岛效应的表征参数。

2.0.3 年径流总量控制率 annual runoff volume capture ratio

通过自然和人工强化的入渗、滞蓄、调蓄和收集回用，场地内累计一年得到控制的雨水量占全年总降雨量的比例。

2.0.4 可再生能源 renewable energy

风能、太阳能、水能、生物质能、地热能和海洋能等非化石能源的统称。

2.0.5 再生水 reclaimed water

污水经处理后，达到规定水质标准、满足一定使用要求的非饮用水。

2.0.6 非传统水源 non-traditional water source

不同于传统地表水供水和地下水供水的水源，包括再生水、雨水、海水等。

2.0.7 可再利用材料 reusable material

不改变物质形态可直接再利用的，或经过组合、修复后可直接再利用的回收材料。

2.0.8 可再循环材料 recyclable material

通过改变物质形态可实现循环利用的回收材料。

2.0.9 采空区 goaf

采矿（煤）后废弃的地下空间。

2.0.10 高性能混凝土 high performance concrete

以建设工程设计、施工和使用对混凝土性能特定要求为总体目标，选用优质常规原材料，合理掺加外加剂和矿物掺合料，采用较低水胶比并优化配合比，通过预拌和绿色生产方式以及严格的施工措施，制成具有优异的拌合物性能、力学性能、耐久性能和长期性能的混凝土。

2.0.11 冬期施工 winter construction

在室外日平均气温连续 5 d 稳定低于 5 ℃时，对工程采取一定技术措施所进行的施工。

3 基本规定

3.1 基本要求

3.1.1 绿色建筑的评价应以单栋建筑或建筑群为评价对象。评价单栋建筑时，凡涉及系统性、整体性的指标，应基于该栋建筑所属工程项目的总体进行评价。

3.1.2 绿色建筑的评价分为设计评价和运行评价。设计评价应在建筑工程施工图设计文件审查通过后进行，运行评价应在建筑通过竣工验收并投入使用一年后进行。

3.1.3 申请评价方应进行建筑全寿命期技术和经济分析，合理确定建筑规模，选用适当的建筑技术、设备和材料，对规划、设计、施工、运行阶段进行全过程控制，并提交相应分析、测试报告和相关文件。

3.1.4 评价机构应按本标准的有关要求，对申请评价方提交的报告、文件进行审查，并出具评价报告，确定等级。对申请运行评价的建筑，尚应进行现场考察。

3.2 评价与等级划分

3.2.1 绿色建筑评价指标体系由节地与室外环境、节能与能源利用、节水与水资源利用、节材与材料资源利用、室内环境质量、施工管理、运营管理7类指标组成。每类指标均包括控制项和评分项。评价指标体系还统一设置加分项。

3.2.2 设计评价时，不对施工管理和运营管理2类指标进行评价，但可预评相关条文。运行评价应包括7类指标。

3.2.3 控制项的评定结果为满足或不满足；评分项和加分项的评定结果为分值。

3.2.4 绿色建筑评价应按总得分确定等级。

3.2.5 评价指标体系 7 类指标的总分均为 100 分。7 类指标各自的评分项得分 Q_1、Q_2、Q_3、Q_4、Q_5、Q_6、Q_7 按参评建筑该类指标的评分项实际得分值除以适用于该建筑的评分项总分值再乘以 100 分计算。

3.2.6 加分项的附加得分 Q_8 按本标准第 11 章的有关规定确定。

3.2.7 绿色建筑评价的总得分按下式进行计算，其中评价指标体系 7 类指标评分项的权重 $w_1 \sim w_7$ 按表 3.2.7 取值。

$$\sum Q = w_1 Q_1 + w_2 Q_2 + w_3 Q_3 + w_4 Q_4 + w_5 Q_5$$
$$+ w_6 Q_6 + w_7 Q_7 + Q_8 \qquad (3.2.7)$$

表 3.2.7　绿色建筑各类评价指标的权重

		节地与室外环境 w_1	节能与能源利用 w_2	节水与水资源利用 w_3	节材与材料资源利用 w_4	室内环境质量 w_5	施工管理 w_6	运营管理 w_7
设计评价	居住建筑	0.21	0.24	0.20	0.17	0.18	—	—
	公共建筑	0.16	0.28	0.18	0.19	0.19	—	—
运行评介	居住建筑	0.17	0.19	0.16	0.14	0.14	0.10	0.10
	公共建筑	0.13	0.23	0.14	0.15	0.15	0.10	0.10

注：1　表中"—"表示施工管理和运营管理两类指标不参与设计评价。
　　2　对于同时具有居住和公共功能的单体建筑，各类评价指标权重取为居住建筑和公共建筑所对应权重的平均值。

3.2.8 绿色建筑分为一星级、二星级、三星级 3 个等级。3 个等级的绿色建筑均应满足本标准所有控制项的要求，且每类指标的评分项得分不应小于 40 分。当绿色建筑总得分分别达到 50 分、60 分、80 分时，绿色建筑等级分别为一星级、二星级、三星级。

3.2.9 对多功能的综合性单体建筑，应按本标准全部评价条文逐条对适用的区域进行评价，确定各评价条文的得分。

4 节地与室外环境

4.1 控 制 项

4.1.1 项目选址应符合所在地城乡规划，且应符合各类保护区、文物古迹保护的建设控制要求。

4.1.2 场地应无洪涝、滑坡、泥石流等自然灾害和采空区塌陷等地域特点的灾害，无危险化学品、易燃易爆危险源的威胁，无电磁辐射及含氡土壤等危害。

4.1.3 场地内不应有排放超标的污染源。

4.1.4 建筑规划布局应满足日照标准，且不得降低周边建筑的日照标准。

4.2 评 分 项

Ⅰ 土 地 利 用

4.2.1 节约集约利用土地，评价总分值为 19 分。对居住建筑，根据其人均居住用地指标按表 4.2.1-1 的规则评分；对公共建筑，根据其容积率按表 4.2.1-2 的规则评分。

表 4.2.1-1 居住建筑人均居住用地指标评分规则

居住建筑人均居住用地指标 A/m^2					得分
3 层以下	4~6 层	7~12 层	13~18 层	19 层及以上	
$35 < A \leq 41$	$23 < A \leq 26$	$22 < A \leq 24$	$20 < A \leq 22$	$11 < A \leq 13$	15
$A \leq 35$	$A \leq 23$	$A \leq 22$	$A \leq 20$	$A \leq 11$	19

表 4.2.1-2　公共建筑容积率评分规则

容积率 R	得　分
$0.5 \leqslant R < 0.8$	5
$0.8 \leqslant R < 1.5$	10
$1.5 \leqslant R < 3.5$	15
$R \geqslant 3.5$	19

4.2.2 场地内合理设置绿化用地，评价总分值为 9 分，按下列规则评分：

    1 居住建筑按下列规则分别评分并累计：

        1）住区绿地率：新区建设达到 30%，旧区改建达到 25%，得 2 分；

        2）住区人均公共绿地面积：按表 4.2.2-1 的规则评分，最高得 7 分。

表 4.2.2-1　住区人均公共绿地面积评分规则

住区人均公共绿地面积 A_g		得　分
新区建设	旧区改建	
$1.0\ m^2 \leqslant A_g < 1.3\ m^2$	$0.7\ m^2 \leqslant A_g < 0.9\ m^2$	3
$1.3\ m^2 \leqslant A_g < 1.5\ m^2$	$0.9\ m^2 \leqslant A_g < 1.0\ m^2$	5
$A_g \geqslant 1.5\ m^2$	$A_g \geqslant 1.0\ m^2$	7

    2 公共建筑按下列规则分别评分并累计：

        1）绿地率：按表 4.2.2-2 的规则评分，最高得 7 分；

表 4.2.2-2　公共建筑绿地率评分规则

绿地率 R_g	得　分
$30\% \leqslant R_g < 35\%$	2
$35\% \leqslant R_g < 40\%$	5
$R_g \geqslant 40\%$	7

        2）绿地向社会公众开放，得 2 分。

4.2.3 合理开发利用地下空间，评价总分值为 6 分，按表 4.2.3 的规则评分。

表 4.2.3 地下空间开发利用评分规则

建筑类型	地下空间开发利用指标		得分
居住建筑	地下建筑面积与地上建筑面积的比率 R_r	$5\% \leqslant R_r < 15\%$	2
		$15\% \leqslant R_r < 25\%$	4
		$R_r \geqslant 25\%$	6
公共建筑	地下建筑面积与总用地面积之比 R_{p1}	$R_{p1} \geqslant 0.5$	3
	地下一层建筑面积与总用地面积的比率 R_{p2}	$R_{p1} \geqslant 0.7$ 且 $R_{p2} < 70\%$	6

Ⅱ 室外环境

4.2.4 建筑及照明设计避免产生光污染，评价总分值为 4 分，按下列规则分别评分并累计：

1 玻璃幕墙可见光反射比不大于 0.2，得 2 分；

2 室外夜景照明光污染的限制符合现行行业标准《城市夜景照明设计规范》JGJ/T 163 的规定，得 2 分。

4.2.5 场地内环境噪声符合现行国家标准《声环境质量标准》GB 3096 的有关规定，评价分值为 4 分。

4.2.6 场地内风环境有利于行走、活动舒适和建筑的自然通风，评分总分值为 6 分，按下列规则评分并累计：

1 在冬季典型风速和风向条件下，按下列规则分别评分并累计：

1）建筑物周围人行区风速小于 5 m/s，且室外风速放大系数小于 2，得 2 分；

2）除迎风第一排建筑外，建筑迎风面与背风面表面风压差不大于 5 Pa，得 1 分。

2 过渡季、夏季典型风速和风向条件下，按下列规则评分并累计：

1）场地内人活动区不出现涡旋或无风区，得 2 分；

2）50% 以上可开启外窗室内外表面的风压差大于 0.5 Pa，得 1 分。

4.2.7 采取措施降低热岛强度，评价总分值为4分，按下列规则分别评分并累计：

1 红线范围内户外活动场地有乔木、构筑物等遮阴措施的面积达到10%，得2分；达到20%，得3分；

2 超过70%的道路路面的太阳能辐射反射系数不小于0.4，得1分。

Ⅲ 交通设施与公共服务

4.2.8 场地与公共交通设施具有便捷的联系，评价总分值为9分，按下列规则分别评分并累计：

1 场地出入口到达公共汽车站的步行距离不大于500 m，或到达轨道交通站的步行距离不大于800 m，得3分；

2 场地出入口步行距离800 m范围内设有2条及以上线路的公共交通站点（含公共汽车站和轨道交通站），得3分；

3 有便捷的人行通道联系公共交通站点，得3分。

4.2.9 场地内具有无障碍设计及老年、儿童活动场地，评价总分值为3分，按下列规则分别评分并累计：

1 场地内人行通道采用无障碍设计，得2分；

2 设置老年人及儿童活动场地，得1分。

4.2.10 合理设置停车场所，评价总分值为6分，按下列规则分别评分并累计：

1 自行车停车设施位置合理，方便出入，且有遮阳防雨雪设施，得2分；

2 合理设置机动车停车设施，并采取下列措施中至少2项，得3分：

  1）采用机械式停车库、地下停车库或停车楼等方式节约集约土地；

  2）采用错时停车方式向社会开放，提高停车场（库）使用效率；

  3）合理设置地面停车位，不挤占步行空间及活动场所，满足配建停车位总数要求基础上，额外提供不少于应配建停车位总数的 5%，且不少于 2 个公共停车位。

3 设置不少于一个无障碍机动车停车位，得 1 分。

4.2.11 提供便利的公共服务，评价总分值为 6 分，按下列规则评分：

1 居住建筑：满足下列要求中 3 项，得 4 分；满足 4 项及以上，得 6 分：

1） 场地出入口到达幼儿园的步行距离不大于 300 m；

2） 场地出入口到达小学的步行距离不大于 500 m；

3） 场地出入口到达商业服务设施的步行距离不大于 500 m；

4） 相关设施集中设置并向周围居民开放；

5） 场地 1 000 m 范围内设有 5 种及以上的公共服务设施。

2 公共建筑：满足下列要求中 2 项，得 3 分；满足 3 项及以上，得 6 分：

1） 2 种及以上公共建筑集中设置，或公共建筑兼容 2 种及以上的公共服务功能；

2） 配套服务设施设备共同使用、资源共享；

3） 建筑向社会提供开放的公共空间；

4） 室外活动场地错时向周边居民免费开放。

Ⅳ 场地设计与场地生态

4.2.12 结合现状地形地貌进行场地设计与建筑布局，保护场地内原有的自然水域、湿地和植被，采取表层土利用等生态补偿措施，评价分值为 3 分。

4.2.13 充分利用场地空间合理设置绿色雨水基础设施，对大于 10 hm² 的场地进行雨水专项规划设计，设置冬季临时积雪清除堆放场地，评价总分值为 9 分，按下列规则分别评分并累计：

1 下凹式绿地、雨水花园等有调蓄雨水功能的绿地和水体的面积之和占绿地面积的比例达到 30%，得 3 分；

2 合理衔接和引导屋面雨水、道路雨水进入地面生态设施，并取得相应的径流污染控制措施，得2分；

3 硬质铺装地面中透水铺装面积的比例达到50%，得2分；

4 设置冬季临时积雪堆放场地，得1分；

5 冬季场地内利用积雪设置冰雪景观，得1分。

4.2.14 合理规划地表与屋面雨水径流，对场地雨水实施外排总量控制，评价分值为6分。其场地年径流总量控制率达到55%，得3分；到70%，得6分。

4.2.15 合理选择绿化方式，科学配置绿化植物，评价总分值为6分，按下列规则分别评分并累计：

1 种植适合当地气候及土壤条件的植物，采用乔、灌、草结合的复层绿化，种植区域覆土深度和排水能力保证植物安全越冬和满足植物生长需求，得3分；

2 居住建筑绿地配植乔木不少于3株/100 m²，公共建筑采用垂直绿化、屋顶绿化等方式，得2分；

3 植物配置设计中考虑黑龙江省严寒地区的气候特点，冬、春季观赏效果，配有观干型乔、灌木不少于10%，得1分。

5 节能与能源利用

5.1 控　制　项

5.1.1 建筑设计应符合现行国家和黑龙江省相关建筑节能设计标准中强制性条文的规定。

5.1.2 建筑在城市集中供热范围内时，宜采用城市热网提供的热源，不应采用电直接加热设备作为供暖空调系统的供暖热源和空气加湿热源。

5.1.3 冷热源及热力站应设置计量燃料消耗量、电量、冷量和热量的仪表。

5.1.4 各房间或场所的照明功率密度值不应高于现行国家标准《建筑照明设计标准》GB 50034 中规定的现行值。

5.2 评　分　项

Ⅰ　建筑与围护结构

5.2.1 结合场地自然条件，对建筑的体形、朝向、楼距和窗墙面积比等进行优化设计，居住建筑的建筑物耗热量指标或公共建筑的节能比例应满足节能设计标准要求，评价分值为 6 分。

5.2.2 外窗应具有良好的气密性。18 层及以下各层的外窗和玻璃幕墙的可开启部分能使建筑获得良好的通风。评价总分值为 6 分，按照下述规则评分：

  1 设外窗且不设玻璃幕墙的建筑，外窗气密性等级应不低于《建筑外门窗气密、水密、抗风压性能分级及检测方法》GB/T 7106规定的 7 级。外窗可开启面积比例达到 30%，得 4 分；达到 35%，得 6 分。

2 设玻璃幕墙且不设外窗的建筑，其玻璃幕墙透明部分可开启面积比例达到5%，大堂（厅）透明屋面面积小于屋面面积的20%，并设有（自动）开启扇，得4分；玻璃幕墙透明部分可开启面积比例达到10%，大堂（厅）透明屋面面积小于屋面面积的20%，并设有（自动）开启扇，得6分。

3 设玻璃幕墙和外窗的建筑，对其玻璃幕墙透明部分和外窗分别按本条第1款和第2款进行评价，得分取两项的平均值。

5.2.3 围护结构热工性能指标优于现行国家和黑龙江省有关建筑节能设计标准的规定，评分总分值为10分，按照下述规则之一评分：

1 围护结构热工性能指标比现行有关建筑节能设计标准规定的提高幅度达到5%，得5分；达到8%，得8分；达到10%，得10分。

2 供暖空调全年计算负荷降低幅度达到5%，得5分；达到8%，得8分；达到10%，得10分。

Ⅱ　供暖、通风与空调

5.2.4 冷热源能效指标应符合现行黑龙江省有关建筑节能设计标准的规定，评分总分值为6分，按照下述规则之一评分：

1 采用集中供热时，得6分。采用锅炉房时，锅炉设计效率（运行效率）达到现行黑龙江省地方标准《黑龙江省居住建筑节能65%设计标准》DB 23/1270的要求，得3分；燃煤锅炉设计热效率（运行效率）比标准高3%，得6分；燃油或燃气锅炉设计热效率（运行效率）比标准高2%，得6分。

2 空调系统的冷源机组能效达到现行黑龙江省地方标准《公共建筑节能设计标准黑龙江省实施细则》DB 23/1269中的有关规定值，得3分；达到表5.2.4的要求，得6分；房间空气调节器的能效等级满足现行国家标准的节能评价值要求，得6分。同时设置集中空调系统和房间空气调节器的公共建筑，对其分别进行评价，得分取两项的平均值。

表 5.2.4 机组能效要求

机组类型		能效指标	提高或降低幅度
电机驱动的蒸汽压缩循环冷水（热泵）机组		制冷性能系数（COP）	提高 6%
溴化锂吸收式冷水机组	直燃型	制冷供热性能系数（COP）	提高 6%
	蒸汽型	单位制冷量蒸汽耗量	降低 6%
单元式空气调节机、风管送风式和屋顶式空调机组		能效比（EER）	提高 6%
多联式空调（热泵）机组		制冷综合性能系数(IPLV (C))	提高 8%

3 既采用集中供热系统供暖又采用空调设备降温的建筑，对其供暖部分和空调部分分别按本条第 1 款和第 2 款进行评价，得分取两项的平均值。

5.2.5 循环泵的耗电输热（冷）比，评价总分为 6 分，按照下列规则评分：

1 采用集中供热的建筑，热水循环泵的耗电输热比满足现行国家及黑龙江省的节能设计标准中的有关规定，得 4 分；低 5%，得 6 分。

2 采用集中供热系统进行供暖和采用集中空调的建筑，对集中供热系统和空调系统分别进行评价，得分取两项的平均值。

    1） 集中供热系统的热水循环泵的耗电输热比按照本条第 1 款评价；

    2） 通风空调系统风机的单位风量耗功率符合现行国家及黑龙江省的节能设计标准中的有关规定，且空调冷热水系统循环水泵的耗电输冷（热）比满足下述要求：

        i 达到现行国家标准《民用建筑供暖通风与空气调节设计规范》GB 50736 规定值，得 4 分；

        ii 比现行国家标准《民用建筑供暖通风与空气调节设计规范》GB 50736 规定值低 20%，得 6 分。

3 独立设置冷热源的建筑，按下述规则评价：

供暖系统的热水循环泵的耗电输热比和通风空调系统风机的单位风量耗功率符合现行国家及黑龙江省的节能设计标准中的有关规

定，且空调冷热水系统循环水泵的耗电输冷（热）比满足下述要求：

1）达到现行国家标准《民用建筑供暖通风与空气调节设计规范》GB 50736 规定值，得 4 分；

2）比现行国家标准《民用建筑供暖通风与空气调节设计规范》GB 50736 规定值低 20%，得 6 分。

5.2.6 合理选择和优化供暖、通风与空调系统，评价总分值为 10 分，根据系统能耗的降低幅度按表 5.2.6 的规则评分。

表 5.2.6　供暖、通风与空调系统能耗降低幅度评分规则

集中供热系统能耗减低幅度 D_e	得分	供暖、通风与空调系统能耗减低幅度 D_e	得分
$5\% \leq D_e < 8\%$	3	$5\% \leq D_e < 10\%$	3
$8\% \leq D_e < 10\%$	7	$10\% \leq D_e < 15\%$	7
$D_e \geq 10\%$	10	$D_e \geq 15\%$	10

注：采用集中供热系统进行供暖和采用集中空调的建筑，对集中供热系统和空调系统分别进行评价，得分取两项的平均值。

5.2.7 供暖、通风与空调系统实现按需供热（冷），评价分值为 6 分，按下列规则之一评分：

1 供暖系统的热源可根据供热负荷需求，自动调节供热量，得 6 分；

2 通风和空调系统采取措施降低过渡季节通风与空调系统能耗，得 6 分；

3 同时设置供暖、通风和空调系统的建筑，分别按照本条第 1 款和第 2 款进行评价，得分取两项得分的平均值。

5.2.8 采取措施降低供暖、通风与空调系统能耗，评价总分值为 9 分，按下列规则评分：

1 采用集中供热建筑，按下列规则评分并累计：

1）循环水泵配置调速设备，台数可调节，可实现变流量运行，得 4 分；

2）建筑物内系统可调节：

i 居住建筑每户室温可调，得 5 分。

    ii 公共建筑实现建筑物分时供热，室内系统实现分区、分朝向自动控制，得 5 分。

  2 独立设置冷热源的建筑，按下列规则评分并累计：

    1） 细分供暖、空调区域，供暖、空调系统实现房间的分区、分朝向自动控制，得 3 分；

    2） 合理选配空调冷、热源机组台数与容量，制定实施根据负荷变化调节制冷（热）量的控制策略，且空调冷源的部分负荷性能符合现行黑龙江省《公共建筑节能设计标准黑龙江省实施细则》DB 23/1269 的规定，得 3 分；

    3） 水系统、风系统采用变频技术，且采取相应的水力平衡措施，得 3 分。

  3 采用集中供热系统供暖和集中空调系统的建筑，对集中供热系统、通风和空调系统分别进行评价，得分取两项的平均值：

    1） 集中供热系统按照本条第 1 款确定；

    2） 通风和空调系统按本条第 2 款确定。

Ⅲ   照明与电气

5.2.9 走廊、楼梯间、门厅、大堂、大空间和地下停车场等场所的照明系统采取分区、定时、感应等节能控制措施，评价分值为 5 分。

5.2.10 照明功率密度值达到现行国家标准《建筑照明设计标准》GB 50034 中的目标值规定，评价总分值为 8 分。主要功能房间满足要求，得 4 分；所有区域均满足要求，得 8 分。

5.2.11 电梯和自动扶梯采取电梯群控、扶梯自动启停等节能控制措施，评价分值为 3 分。

5.2.12 采用节能型电气设备，评价总分值为 5 分，按下列规则分别评分并累计：

  1 三相配电变压器满足现行国家标准《三相配电变压器能效限定值及节能评价值》GB 20052 的节能评价值要求，得 3 分；

  2 电气设备及装置满足相关现行国家标准节能评价值要求，得 2 分。

Ⅳ 能量综合利用

5.2.13 排风能量回收系统设计合理、运行可靠,评价分值为3分。

5.2.14 合理采用蓄冷、蓄热系统,运行可靠,评价分值为3分。

5.2.15 合理利用余热、废热解决建筑的蒸汽、供暖或生活热水需求,评价分值为4分。

5.2.16 根据当地气候和自然资源条件,合理利用可再生能源,评价总分值为10分,按表5.2.16的规则评分。

表5.2.16 可再生能源利用评分规则

可再生能源利用类型和指标		得 分
由可再生能源提供的生活热水比例 R_{hw}	$20\% \leqslant R_{hw} < 30\%$	4
	$30\% \leqslant R_{hw} < 40\%$	5
	$40\% \leqslant R_{hw} < 50\%$	6
	$50\% \leqslant R_{hw} < 60\%$	7
	$60\% \leqslant R_{hw} < 70\%$	8
	$70\% \leqslant R_{hw} < 80\%$	9
	$R_{hw} \geqslant 80\%$	10
由可再生能源提供的空调用冷量和热量比例 R_{ch}	$20\% \leqslant R_{ch} < 30\%$	4
	$30\% \leqslant R_{ch} < 40\%$	5
	$40\% \leqslant R_{ch} < 50\%$	6
	$50\% \leqslant R_{ch} < 60\%$	7
	$60\% \leqslant R_{ch} < 70\%$	8
	$70\% \leqslant R_{ch} < 80\%$	9
	$R_{ch} \geqslant 80\%$	10
由可再生能源提供的电量比例 R_e	$1.0\% \leqslant R_e < 1.5\%$	4
	$1.5\% \leqslant R_e < 2.0\%$	5
	$2.0\% \leqslant R_e < 2.5\%$	6
	$2.5\% \leqslant R_e < 3.0\%$	7
	$3.0\% \leqslant R_e < 3.5\%$	8
	$3.5\% \leqslant R_e < 4.0\%$	9
	$R_e \geqslant 4.0\%$	10

6 节水与水资源利用

6.1 控 制 项

6.1.1 应制定水资源利用方案，统筹利用各种水资源。

6.1.2 给排水系统设置应合理、完善、安全。

6.1.3 应采用节水器具。

6.2 评 分 项

Ⅰ 节 水 系 统

6.2.1 建筑平均日用水量满足现行国家标准《民用建筑节水设计标准》GB 50555 中的节水用水定额的要求，评价总分值为 10分。达到节水用水定额的上限值的要求，得 4 分；达到上限值与下限值的平均值要求，得 7 分；达到下限值的要求，得 10 分。

6.2.2 采取有效措施避免管网漏损，评价总分值为 7 分，按下列规则分别评分并累计：

    1 选用密闭性能好的阀门、设备，使用耐腐蚀、耐久性能好的管材、管件，得 1 分；

    2 室外埋地管道采取有效措施避免管网漏损，得 1 分；

    3 设计阶段根据水平衡测试的要求安装分级计量水表；运行阶段提供用水量计量情况和管网漏损检测、整改的报告，得 5分。

6.2.3 给水系统无超压出流现象，评价总分值为 8 分。用水点供水压力不大于 0.30 MPa，得 3 分；不大于 0.20 MPa，且不小于用水器具要求的最低工作压力，得 8 分。

6.2.4 设置用水计量装置，评价总分值为 6 分，按下列规则分别评分并累计：

    1 按使用用途，对厨房、卫生间、绿化、空调系统、游泳池、景观等不同用水单元用水分别设置用水计量装置，统计用水量，得 2 分；

    2 按付费或管理单元，分别设置用水计量装置，统计用水量，得 4 分。

6.2.5 公用浴室采取节水措施，评价总分值为 4 分，按下列规则分别评分并累计：

    1 冷热水混合淋浴器具有恒温控制和温度显示功能，得 2 分；

    2 设置使用者付费的设施，得 2 分。

Ⅱ   节水器具与设备

6.2.6 使用较高用水效率等级的卫生器具，评价总分值为 10 分。用水效率等级达到 3 级，得 5 分；达到 2 级，得 10 分。

6.2.7 绿化灌溉采用节水灌溉方式，评价总分值为 10 分，并按下列规则之一评分：

    1 采用节水灌溉系统，得 7 分；在此基础上设置土壤湿度感应器、雨天关闭装置等节水控制措施，再得 3 分；

    2 种植无需永久灌溉植物，得 10 分。

6.2.8 空调设备或系统采用节水冷却技术，评价总分值为 10 分，并按下列规则评分：

    1 循环冷却水系统设置水处理措施；采取加大集水盘、设置平衡管或平衡水箱的方式，避免冷却水泵停泵时冷却水溢出，得 6 分；

    2 运行时，冷却塔的蒸发耗水量占冷却水补水量的比例不低于 80%，得 10 分；

    3 采用无蒸发耗水量的冷却技术，得 10 分。

6.2.9 除卫生器具、绿化灌溉和冷却塔外的其他用水采用了节水技术或措施，评价总分值为 5 分。其他用水中采用了节水技术或措施的比例达到50%，得3分；达到80%，得5分。

Ⅲ 非传统水源利用

6.2.10 合理使用非传统水源，评价总分值为15分，按下列规则评分：

1 住宅、办公、商场、旅馆类建筑：根据其按公式6.2.10-1和6.2.10-2计算的非传统水源利用率，或者其非传统水源利用措施，按表6.2.10的规则评分。

$$R_u = \frac{W_u}{W_t} \times 100\% \qquad (6.2.10-1)$$

$$W_u = W_R + W_r + W_s + W_o \qquad (6.2.10-2)$$

式中 R_u——非传统水源利用率，%；

W_u——非传统水源设计使用量（设计阶段）或实际使用量（运行阶段），m^3/a；

W_t——设计用水总量（设计阶段）或实际用水总量（运行阶段），m^3/a；

W_R——再生水设计利用量（设计阶段）或实际利用量（运行阶段），m^3/a；

W_r——雨水设计利用量（设计阶段）或实际利用量（运行阶段），m^3/a；

W_s——海水设计利用量（设计阶段）或实际利用量（运行阶段），m^3/a；

W_o——其他非传统水源利用量（设计阶段）或实际利用量（运行阶段），m^3/a。

注：式中设计使用量为年用水量，由平均日用水量和用水时间计算得出。实际使用量应通过统计全年水表计量的情况计算得出。式中用水量计算不包含冷却水补水量和室外景观水体补水量。

表 6.2.10　非传统水源利用率评分规则

建筑类型	非传统水源利用率		非传统水源利用措施				得分
	有市政再生水供应	无市政再生水供应	室内冲厕	室外绿化灌溉	道路浇洒	洗车用水	
住宅	8.0%	4.0%	—	●○	●	●	5 分
	—	8.0%	—	○	○	○	7 分
	30.0%	30.0%	●○	●	●○	●○	15 分
办公	10.0%	—		●	●	●	5 分
	—	8.0%		○	—	—	10 分
	50.0%	10.0%	●	●	●○	●○	15 分
商店	3.0%	—		●	●	●	2 分
	—	2.5%		○	—	—	10 分
	50.0%	3.0%	●	●	●○	●○	15 分
旅馆	2.0%	—		●	●	—	2 分
	—	1.0%		○	—	—	10 分
	12.0%	2.0%	●	●○	●○	●○	15 分

注:"●"为有市政再生水供应时的要求;"○"为无市政再生水供应时的要求。

2 其他类型建筑:按下列规则分别评分并累计:

 1)绿化灌溉、道路冲洗、洗车用水采用非传统水源的用水量占其总用水量的比例不低于 80%,得 7 分;

 2)冲厕采用非传统水源的用水量占其用水量的比例不低于 50%,得 8 分。

6.2.11 冷却水补水使用非传统水源,评价总分值为 8 分,根据冷却水补水使用非传统水源的量占总用水量的比例按表 6.2.11 的规则评分。

表 6.2.11　冷却水补水使用非传统水源的量占总用水量的比例评分规则

冷却水补水使用非传统水源的量占总用水量的比例 R_{nt}	得　分
$10\% \leqslant R_{nt} < 30\%$	4
$30\% \leqslant R_{nt} < 50\%$	6
$R_{nt} \geqslant 50\%$	8

6.2.12 结合雨水利用设施进行景观水体设计，景观水体利用雨水的补水量大于其水体蒸发量的60%，且采用生态水处理技术保障水体水质，评价总分值为7分，按下列规则分别评分并累计：

    1 对进入景观水体的雨水采取控制面源污染的措施，得4分；

    2 利用水生动、植物进行水体净化，得3分。

7 节材与材料资源利用

7.1 控 制 项

7.1.1 不得采用国家和黑龙江省禁止和限制使用的建筑材料及制品。

7.1.2 冬期施工采用的混凝土能够在负温条件下硬化，且转正温后满足耐久性要求。

7.1.3 混凝土结构中梁、柱纵向受力普通钢筋应采用不低于400 MPa级的热轧带肋钢筋。

7.1.4 建筑造型要素应简约，且无大量装饰性构件。

7.2 评 分 项

I 节 材 设 计

7.2.1 择优选用建筑形体，评价总分值为 10 分。根据现行国家标准《建筑抗震设计规范》GB 50011 规定的建筑形体规则性评分，建筑形体不规则，得 3 分；建筑形体规则，得 10 分。

7.2.2 对地基基础、结构体系、结构构件进行优化设计，达到节材效果，评价分值为 8 分。

7.2.3 土建工程与装修工程一体化设计，评价总分值为 8 分，按下列规则评分：

    1 住宅建筑土建与装修一体化设计的户数比例达到 10%，得 2 分；达到 20%，得 4 分；达到 30%，得 6 分；达到 100%，得 8 分。

    2 公共建筑公共部位土建与装修一体化设计，得 6 分；所有部位均土建与装修一体化设计，得 8 分。

7.2.4 公共建筑中可变换功能的室内空间采用可重复使用的隔断（墙），评价总分值为5分，根据可重复使用隔断（墙）比例按表7.2.4的规则评分。

表7.2.4 可重复使用隔断（墙）比例评分规则

可重复使用隔断（墙）比例 R_{rp}	得　分
$30\% \leqslant R_{rp} < 50\%$	3
$50\% \leqslant R_{rp} < 80\%$	4
$R_{rp} \geqslant 80\%$	5

7.2.5 采用工业化生产的预制构件，评价总分值为5分，根据预制构件用量比例按表7.2.5的规则评分。

表7.2.5 预制构件用量比例评分规则

预制构件用量比例 R_{pc}	得　分
$5\% \leqslant R_{pc} < 15\%$	2
$15\% \leqslant R_{pc} < 30\%$	3
$30\% \leqslant R_{pc} < 50\%$	4
$R_{pc} \geqslant 50\%$	5

7.2.6 采用整体化定型设计的厨房、卫浴间，评价总分值为4分，按下列规则分别评分并累计：

　　1 采用整体化定型设计的厨房，得2分；

　　2 采用整体化定型设计的卫浴间，得2分。

Ⅱ　材　料　选　用

7.2.7 选用本地生产的建筑材料，评价总分值为10分，根据施工现场500km以内生产的建筑材料质量占建筑材料总质量的比例按表7.2.7的规则评分。

表7.2.7 施工现场500km以内生产的建筑材料质量占建筑材料总质量比例评分规则

施工现场500km以内生产的建筑材料质量占建筑材料总质量的比例 R_{lm}	得　分
$60\% \leqslant R_{lm} < 70\%$	6
$70\% \leqslant R_{lm} < 90\%$	8
$R_{lm} \geqslant 90\%$	10

7.2.8 现浇混凝土采用预拌混凝土，评价分值为10分。

7.2.9 建筑砂浆采用预拌砂浆，评价总分值为5分。建筑砂浆采用预拌砂浆的比例达到50%，得3分；达到100%，得5分。

7.2.10 合理采用高强建筑结构材料，评价总分值为10分，按下列规则评分：

    1 混凝土结构：按下列规则选择其一评分：

      1）根据400 MPa级及以上受力普通钢筋的比例，按表7.2.10的规则评分，最高得10分。

表7.2.10 **400 MPa级及以上受力普通钢筋的比例评分规则**

400 MPa级及以上受力普通钢筋的的比例 R_{sb}	得 分
$30\% \leqslant R_{sb} < 50\%$	4
$50\% \leqslant R_{sb} < 70\%$	6
$70\% \leqslant R_{sb} < 85\%$	8
$R_{sb} \geqslant 85\%$	10

      2）高层建筑混凝土竖向承重结构采用强度等级不小于C50混凝土用量占竖向承重结构中混凝土总量的比例达到30%，得5分；达到40%，得8分；达到50%，得10分。

    2 钢结构：Q345及以上高强钢材用量占钢材总量的比例达到30%，得4分；达到40%，得6分；达到50%，得8分；达到70%，得10分。

    3 混合结构与组合结构：对其混凝土结构部分和钢结构部分，分别按本条第1款和第2款进行评价，得分取两项得分的平均值。

7.2.11 合理采用高耐久性建筑结构材料，评价总分值为5分，按下列规则之一评分：

    1 对钢结构，采用耐候结构钢或耐候型防腐涂料，得5分；

    2 对混凝土结构，其中高耐久性混凝土用量占混凝土总量的比例达到50%，抗冻耐久性达到F100，得2分；达到F150，得3分；达到F200，得5分。

7.2.12 采用可再利用材料和可再循环材料，评价总分值为8分，按下列规则评分：

    1 住宅建筑中的可再利用材料和可再循环材料用量比例达到4%，得4分；达到6%，得6分；达到10%，得8分。

    2 公共建筑中的可再利用材料和可再循环材料用量比例达到5%，得4分；达到10%，得6分；达到15%，得8分。

7.2.13 建筑中混凝土竖向承重结构采用高性能混凝土，评价总分值为2分。高性能混凝土用量占竖向承重结构中混凝土总量的比例达到30%，得1分；达到50%，得2分。

7.2.14 使用以废弃物为原料生产的建筑材料，评价总分值为5分，按下列规则评分：

    1 采用一种以废弃物为原料生产的建筑材料，其占同类建材的用量比例达到20%，得2分；达到30%，得3分；达到50%，得5分。

    2 采用两种及以上废弃物为原料生产的建筑材料，每一种用量比例均达到10%，得2分；均达到30%，得5分。

7.2.15 合理采用耐久性好、易维护的装饰装修建筑材料，评价总分值为5分，按下列规则分别评分并累计：

    1 合理采用清水混凝土，得2分；

    2 采用耐久性好、易维护的外立面材料，得2分；

    3 采用耐久性好、易维护的室内装饰装修材料，得1分。

8 室内环境质量

8.1 控 制 项

8.1.1 主要功能房间的室内噪声级应满足现行国家标准《民用建筑隔声设计规范》GB 50118 中的低限要求。

8.1.2 主要功能房间的外墙、隔墙、楼板和门窗的隔声性能应满足现行国家标准《民用建筑隔声设计规范》GB 50118 中的低限要求。

8.1.3 建筑照明数量和质量应符合现行国家标准《建筑照明设计标准》GB 50034 的规定。

8.1.4 采用集中供暖空调系统的建筑，房间内的温度、湿度、新风量等设计参数应符合现行国家标准《民用建筑供暖通风与空气调节设计规范》GB 50736 的规定。

8.1.5 在室内设计温、湿度条件下，建筑围护结构内表面不得结露。

8.1.6 室内空气中的氨、甲醛、苯、总挥发性有机物、氡等污染物浓度应符合现行国家标准《室内空气质量标准》GB/T 18883 的有关规定。

8.2 评 分 项

Ⅰ 室内声环境

8.2.1 主要功能房间室内噪声级，评价总分值为 6 分。噪声级达到现行国家标准《民用建筑隔声设计规范》GB 50118 中的低限标准限值和高要求标准限值的平均值，得 3 分；达到高要求标准限值，得 6 分。

8.2.2 主要功能房间的隔声性能良好，评价总分值为9分，按下列规则分别评分并累计：

1 构件及相邻房间之间的空气声隔声性能达到现行国家标准《民用建筑隔声设计规范》GB 50118 中的低限标准限值和高要求标准限值的平均值，得3分；达到高要求标准限值，得5分；

2 楼板的撞击声隔声性能达到现行国家标准《民用建筑隔声设计规范》GB 50118 中的低限标准限值和高要求标准限值的平均值，得3分；达到高要求标准限值，得4分。

8.2.3 采取减少噪声干扰的措施，评价总分值为4分，按下列规则分别评分并累计：

1 建筑平面、空间布局合理，没有明显的噪声干扰，得2分；

2 采用同层排水或其他有效降低排水噪声措施，使用率不小于50%，得2分。

8.2.4 公共建筑中的多功能厅、接待大厅、大型会议室和其他有声学要求的重要房间进行专项声学设计，满足相应功能要求，评价分值为3分。

Ⅱ 室内光环境与视野

8.2.5 建筑主要功能房间具有良好的户外视野，评价分值为3分。对居住建筑，其与相邻建筑的直接间距超过18 m；对公共建筑，其主要功能房间能通过外窗看到室外自然景观，无明显视线干扰。

8.2.6 主要功能房间的采光系数满足现行国家标准《建筑采光设计标准》GB 50033 的要求，评价总分值为8分，按下列规则评分：

1 居住建筑：卧室、起居室的窗地面积比达到1/6，得6分；达到1/5，得8分。

2 公共建筑：根据主要功能房间采光系数满足现行国家标准《建筑采光设计标准》GB 50033 要求面积比例，按表8.2.6

评分，最高得 8 分。

表 8.2.6 公共建筑主要功能房间采光评分规则

面积比例 R_A	得分
$60\% \leqslant R_A < 65\%$	4
$65\% \leqslant R_A < 70\%$	5
$70\% \leqslant R_A < 75\%$	6
$75\% \leqslant R_A < 80\%$	7
$R_A \geqslant 80\%$	8

8.2.7 改善建筑室内天然采光效果，评价总分值为 14 分，按下列规则分别评分并累计：

1 主要功能房间有合理的控制眩光措施，得 6 分；

2 内区采光系数满足采光要求的面积比例达到 60%，得 4 分；

3 根据地下空间平均采光系数不小于 0.5% 的面积与首层地下室面积的比例，按表 8.2.7 的规则评分，最高得 4 分。

表 8.2.7 地下空间平均采光评分规则

面积比例 R_A	得分
$5\% \leqslant R_A < 10\%$	1
$10\% \leqslant R_A < 15\%$	2
$15\% \leqslant R_A < 20\%$	3
$R_A \geqslant 20\%$	4

Ⅲ 室内热湿环境

8.2.8 公共建筑物主朝向为西向、窗墙面积比比较大时（包括幕墙），采取可调节遮阳保温措施，主要降低夏季太阳辐射得热，同时在冬季起到保温作用。评价总分值为 8 分。外窗和幕墙透明部分中，有可控遮阳保温调节措施的面积比例达到 25%，得 6 分；达到 50%，得 8 分。

8.2.9 供暖空调系统末端现场可独立调节，评价总分值为 12 分。

供暖、空调末端装置可独立启停的主要功能房间数量比例达到70%，得8分；达到90%，得12分。

Ⅳ 室内空气质量

8.2.10 优化建筑空间、平面布局和构造设计，改善自然通风效果，评价总分值为13分，按下列规则评分：

    1 居住建筑：按下列2项的规则分别评分并累计。

        1）通风开口面积与房间地板面积的比例达到5%，得10分；

        2）设有明卫，得3分。

    2 公共建筑：根据在过渡季典型工况下主要功能房间平均自然通风换气次数不小于2次/h的面积比例，按表8.2.10的规则评分，最高得13分。

表8.2.10 公共建筑过渡季典型工况下主要功能房间自然通风评分规则

房间面积比例 R_R	得 分
$60\% \leqslant R_R < 65\%$	6
$65\% \leqslant R_R < 70\%$	7
$70\% \leqslant R_R < 75\%$	8
$75\% \leqslant R_R < 80\%$	9
$80\% \leqslant R_R < 85\%$	10
$85\% \leqslant R_R < 90\%$	11
$90\% \leqslant R_R < 95\%$	12
$R_R \geqslant 95\%$	13

8.2.11 气流组织合理，评价总分值为7分，按下列规则分别评分并累计：

    1 重要功能区域供暖、通风与空调工况下的气流组织满足热环境设计参数要求，得4分；

    2 避免卫生间、餐厅、地下车库等区域的空气和污染物串通到其他空间或室外活动场所，得3分。

8.2.12 主要功能房间中人员密度较高且随时间变化大的区域设置室内空气质量监控系统，评价总分值为 8 分，按下列规则分别评分并累计：

    1 对室内的二氧化碳浓度进行数据采集、分析，并与通风系统联动，得 5 分；

    2 实现室内污染物浓度超标实时报警，并与通风系统联动，得 3 分。

8.2.13 地下车库设置与排风设备联动的一氧化碳浓度监测装置，评价分值为 5 分。

9 施 工 管 理

9.1 控 制 项

9.1.1 应建立绿色建筑项目施工管理体系和组织机构,并落实各级责任人。

9.1.2 施工项目部应制订施工全过程的环境保护计划,并组织实施。

9.1.3 施工项目部应制订施工人员职业健康安全管理计划,并组织实施。

9.1.4 施工前应进行设计文件中绿色建筑重点内容的专项会审。

9.2 评 分 项

Ⅰ 环 境 保 护

9.2.1 采取洒水、覆盖、遮挡等降尘措施,评价分值为6分。

9.2.2 采取有效的降噪措施。在施工场界测量并记录噪声,满足现行国家标准《建筑施工场界环境噪声排放标准》GB 12523的规定,评价分值为6分。

9.2.3 制订并实施施工废弃物减量化、资源化计划,评价总分值为10分,按下列规则分别评分并累计:

    1 制订施工废弃物减量化、资源化计划,得3分;

    2 可回收施工废弃物的回收率不小于80%,得3分;

    3 根据每10 000 m² 建筑面积的施工固体废弃物排放量,按表9.2.3的规则评分,最高得4分。

表 9.2.3　每 10 000 m² 建筑面积施工固体废弃物排放量评分规则

每 10 000 m² 建筑面积施工固体废弃物排放量 SW_e	得　　分
350 t$<SW_e \leqslant$400 t	1
300 t$<SW_e \leqslant$350 t	3
$SW_e \leqslant$300 t	4

Ⅱ　资 源 节 约

9.2.4　制定并实施施工节能和用能方案，监测并记录施工能耗，评价总分值为 8 分，按下列规则分别评分并累计：

　　1　制定并实施施工节能和用能方案，得 1 分；

　　2　监测并记录施工区、生活区的能耗，得 3 分；

　　3　监测并记录主要建筑材料、设备从供货商提供的货源地到施工现场运输的能耗，得 3 分；

　　4　监测并记录建筑施工废弃物从施工现场到废弃物处理/回收中心运输的能耗，得 1 分。

9.2.5　制定并实施施工节水和用水方案，监测并记录施工水耗，评价总分值为 8 分，按下列规则分别评分并累计：

　　1　制定并实施施工节水和用水方案，得 2 分；

　　2　监测并记录施工区、生活区的水耗数据，得 4 分；

　　3　监测并记录基坑降水的抽取量、排放量和利用量数据，得 2 分。

9.2.6　减少预拌混凝土的损耗，评价总分值为 6 分。损耗率降低至 1.5%，得 3 分；降低至 1.0%，得 6 分。

9.2.7　采取措施降低钢筋损耗，评价总分值为 8 分，按下列规则评分：

　　1　80% 以上的钢筋采用专业化生产的成型钢筋，得 8 分；

　　2　根据现场加工钢筋损耗率，按表 9.2.7 的规则评分，最高得 8 分。

表 9.2.7　现场加工钢筋损耗率评分规则

现场加工钢筋损耗率 LR_{sb}	得　分
$3.0\% < LR_{sb} \leq 4.0\%$	4
$1.5\% < LR_{sb} \leq 3.0\%$	6
$LR_{sb} \leq 1.5\%$	8

9.2.8　使用工具式定型模板，增加模板周转次数，评价总分值为 10 分，根据工具式定型模板使用面积占模板工程总面积的比例按表 9.2.8 的规则评分。

表 9.2.8　工具式定型模板使用面积占模板工程总面积比例评分规则

工具式定型模板使用面积占模板工程总面积的比例 R_{sf}	得分
$50\% \leq R_{sf} < 70\%$	6
$70\% \leq R_{sf} < 85\%$	8
$R_{sf} \geq 85\%$	10

Ⅲ　过　程　管　理

9.2.9　实施设计文件中绿色建筑重点内容，评价总分值为 4 分，按下列规则分别评分并累计：

　　1　参建各方进行绿色建筑重点内容的专项交底，得 2 分；

　　2　施工过程中以施工日志记录绿色建筑重点内容的实施情况，得 2 分。

9.2.10　严格控制设计文件变更，避免出现降低建筑绿色性能的重大变更，评分分值为 4 分。

9.2.11　施工过程中采取相关措施保证建筑的耐久性，评价总分值为 8 分，按下列规则分别评分并累计：

　　1　对保证建筑结构耐久性的技术措施进行相应检测并记录，得 3 分；

　　2　对有节能、环保要求的设备进行相应检验并记录，得 3 分；

　　3　对有节能、环保要求的装修装饰材料进行相应检验并记录，得 2 分。

9.2.12 实现土建装修一体化施工，评价总分值为 8 分，按下列规则分别评分并累计：

    1 工程竣工时主要功能空间的使用功能完备，装修到位，得 2 分；

    2 提供装修材料检测报告、机电设备检测报告、性能复试报告，得 3 分；

    3 提供建筑竣工验收证明、建筑质量保修书、使用说明书，得 2 分；

    4 提供业主反馈意见书，得 1 分。

9.2.13 冬期施工过程中采取合理技术措施，评价总分值为 6 分，按下列规则分别评分并累计：

    1 提供完整的冬期施工方案，得 2 分；

    2 提供冬期施工方案的实施记录，得 2 分；

    3 采用合理的越冬工程维护措施，得 2 分。

9.2.14 由建设单位组织有关责任单位，进行机电系统的综合调试和联合试运转，结果符合设计要求，评价分值为 8 分。

10 运营管理

10.1 控制项

10.1.1 应制定并实施节能、节水、节材、噪声、绿化管理制度。

10.1.2 应制定垃圾管理制度，合理规划垃圾物流，对生活废弃物进行分类收集，垃圾容器设置规范，分类标识清晰，并与具有相应资质的公司签订有害垃圾回收协议。

10.1.3 运行过程中产生的废气、污水等污染物应达标排放。

10.1.4 节能、节水设施应工作正常，且符合设计要求。

10.1.5 供暖、通风、空调、照明等设备的自动监控系统应工作正常，且运行记录完整。

10.2 评分项

Ⅰ 管理制度

10.2.1 物业管理部门获得有关管理体系认证，评分总分值为 10 分，按下列规则分别评分并累计：

   1 具有 ISO 14001 环境管理体系认证，得 5 分；

   2 具有 ISO 9001 质量管理体系认证，得 5 分。

10.2.2 节能、节水、节材、绿化的操作规程、应急预案完善，且有效实施，评分总分值为 8 分，按下列规则分别评分并累计：

   1 有完善的管理制度，相关设施的操作规程在现场明示，操作人员严格遵守规定，得 6 分；

   2 节能、节水设施运行具有完善的应急预案，得 2 分。

10.2.3 实施能源资源管理激励机制，管理业绩与节约能源资源、提高经济效益挂钩，评价总分值为 6 分，按下列规则分别评分并累计：

  1 物业管理机构的工作考核体系中包含能源资源管理激励机制，得 3 分；

  2 与租用者及合格供方的合同中包含节能条款，得 1 分；

  3 采用合同能源管理模式，得 2 分。

10.2.4 建立绿色建筑教育宣传机制，编制绿色设施使用手册，形成良好的绿色氛围，评价总分值为 6 分，按下列规则分别评分并累计：

  1 建筑运营管理机构设置专业人员监督绿色运营，具有健全的管理制度，并有绿色教育宣传工作记录，得 2 分；

  2 向使用者提供绿色设施使用手册，得 2 分；

  3 相关绿色行为与成效获得公共媒体报道，得 2 分。

Ⅱ 技 术 管 理

10.2.5 定期检查、调试公共设施设备，并根据运行检测数据进行设备系统的运行优化，评价总分值为 10 分，按下列规则分别评分并累计：

  1 具有设施设备的检查、调试、运行、标定记录，且记录完整，得 7 分；

  2 制定并实施设备能效改进等方案，得 3 分。

10.2.6 对空调通风系统进行定期检查和清洗，评价总分值为 6 分，按下列规则分别评分并累计：

  1 制定空调通风设备和风管的检查和清洗计划，得 2 分；

  2 实施第 1 款中的检查和清洗计划，且记录保存完整，得 4 分。

10.2.7 非传统水源的水质和用水量记录完整、准确，评价总分值为 4 分，按下列规则分别评分并累计：

  1 定期进行水质检测，记录完整、准确，得 2 分；

  2 用水量记录完整、准确，得 2 分。

10.2.8 智能化系统的运行效果满足建筑运行与管理的需要，评价总分值为 12 分，按下列规则分别评分并累计：

1 居住建筑的智能化系统满足现行行业标准《居住区智能化系统配置与技术要求》CJ/T 174 的基本配置要求，公共建筑的智能化系统满足现行国家标准《智能建筑设计标准》GB 50314 的基础配置要求，得 6 分；

2 智能化系统运行正常，符合设计要求，得 6 分。

10.2.9 应用信息化手段进行物业管理，建筑工程、设施、设备、部品、能耗等档案及记录齐全，评价总分值为 10 分，按下列规则分别评分并累计：

1 设置物业信息管理系统，得 5 分；

2 物业管理信息系统功能完备，得 2 分；

3 记录数据完整，得 3 分。

Ⅲ 环 境 管 理

10.2.10 小区内实行消杀管理，采用无公害病虫害防治技术，规范杀虫剂、除草剂、化肥、农药等化学药品的使用，有效避免对土壤和地下水环境的损害，评价总分值为 6 分，按下列规则分别评分并累计：

1 建立和实施化学药品管理与使用责任制，得 2 分；

2 病虫害防治用品使用记录完整，得 2 分；

3 采用生物制剂、仿生制剂等无公害防治技术，得 2 分。

10.2.11 栽种和移植的树木一次成活率大于 90%，植物生长状态良好，评价总分值为 6 分，按下列规则分别评分并累计：

1 维护工作记录完整，发现危树、枯树、死树及时处理，得 4 分；

2 现场观感良好，得 2 分。

10.2.12 垃圾收集站（点）及垃圾间不污染环境，不散发臭味，评价总分值为 6 分，按下列规则分别评分并累计：

1 垃圾站（间）定期冲洗，得 2 分；

2 垃圾及时清运、处置，得 2 分；

3 周边无臭味，用户反映良好，得 2 分。

10.2.13 实行垃圾分类收集和处理，评价总分值为 10 分，按下列规则分别评分并累计：

1 垃圾分类收集率达到 90%，得 4 分；

2 可回收垃圾的回收比例达到 90%，得 2 分；

3 对可生物降解垃圾进行单独收集和合理处置，得 2 分；

4 对有害垃圾进行单独收集和合理处置，得 2 分。

11 提高与创新

11.1 一般规定

11.1.1 绿色建筑评价时，应按本章规定对加分项进行评价。加分项包括性能提高和创新两部分。

11.1.2 加分项的附加得分为各加分项得分之和。当附加得分大于 10 分时，应取为 10 分。

11.2 加 分 项

I 性 能 提 高

11.2.1 围护结构热工性能提高或者供暖空调全年计算负荷降低，按以下规则之一评分：

    1 门窗、墙体、屋面中的两项热工性能指标比国家现行有关建筑节能设计标准的规定高 20%，得 1 分；三项热工性能指标均比国家现行有关建筑节能设计标准的规定高 20%，得 2 分。

    2 供暖空调全年计算负荷降低幅度达到 15%，得 2 分。

11.2.2 供暖空调系统的冷、热源机组能效均优于现行国家标准《公共建筑节能设计标准》GB 50189 的规定以及现行有关国家标准能效节能评价值的要求，评价分值为 1 分。对电机驱动的蒸气压缩循环冷水（热泵）机组，直燃型和蒸汽型溴化锂吸收式冷（温）水机组，单元式空气调节机、风管送风式和屋顶式空调机组，多联式空调（热泵）机组，燃煤、燃油和燃气锅炉，其能效指标比现行国家标准《公共建筑节能设计标准》GB 50189 规定值的提高或降低幅度满足表 11.2.2 的要求；对房间空气调节器和家用燃气热水炉，其能效等级满足现行有关国家标准规定的 1 级要求。

表 11.2.2 冷、热源机组能效指标比现行国家标准《公共建筑
节能设计标准》GB 50189 的提高或降低幅度

机组类型		能效指标	提高或降低幅度
电机驱动的蒸气压缩循环冷水（热泵）机组		制冷性能系数（COP）	提高 12%
溴化锂吸收式冷水机组	直燃型	制冷、供热性能系数（COP）	提高 12%
	蒸汽型	单位制冷量蒸汽耗量	降低 12%
单元式空气调节机、风管送风式和屋顶式空调机组		能效比（EER）	提高 12%
多联式空调（热泵）机组		制冷综合性能系数[IPLV(C)]	提高 16%
锅炉	燃煤	热效率	提高 6 个百分点
	燃油燃气	热效率	提高 4 个百分点

11.2.3 采用分布式热电冷联供技术，系统全年能源综合利用率
不低于 70%，评价分值为 1 分。

11.2.4 卫生器具的用水效率均为国家现行有关卫生器具用水等
级标准规定的 1 级，评价分值为 1 分。

11.2.5 采用资源消耗少和环境影响小的建筑结构体系，评价分
值为 1 分。

11.2.6 对主要功能房间采取有效的空气处理措施，评价分值为
1 分。

11.2.7 室内空气中的氨、甲醛、苯、总挥发性有机物、氡、可
吸入颗粒物等污染物浓度不高于现行国家标准《室内空气质量标
准》GB/T 18883 规定限值的 70%，评价分值为 1 分。

11.2.8 公共建筑采用建筑能效管理系统，实时监测并能有效指
导能效管理，降低系统能耗，评价分值为 1 分。

11.2.9 冬期施工采用新型节能施工工艺，节能 10%，评价分值
为 1 分。

Ⅱ 创 新

11.2.10 建筑方案充分考虑建筑所在地域的气候、环境、资源，结合场地特征和建筑功能，进行技术经济分析，显著提高能源资源利用效率和建筑性能，评价分值为2分。

11.2.11 合理选用废弃场地进行建设，或充分利用尚可使用的旧建筑，评价分值为1分。

11.2.12 应用建筑信息模型（BIM）技术，评价总分值为2分。在建筑的规划设计、施工建造和运行维护阶段中的一个阶段应用，得1分；在两个或两个以上阶段应用，得2分。

11.2.13 进行建筑碳排放计算分析，采取措施降低单位建筑面积碳排放强度，评价分值为1分。

11.2.14 有效采取冰雪等利用措施，改善环境，降低能耗，评价分值为2分。

11.2.15 采取节约能源资源、保护生态环境、保障安全健康的其他创新，并有明显效益，评价总分值为2分。采取一项，得1分；采取两项及以上，得2分。

本标准用词说明

1 为便于在执行本标准条文时区别对待，对要求严格程度不同的用词说明如下：

　1）表示很严格，非这样做不可的：
　　　正面词采用"必须"，反面词采用"严禁"；

　2）表示严格，在正常情况下均应这样做的：
　　　正面词采用"应"，反面词采用"不应"或"不得"；

　3）表示允许稍有选择，在条件许可时首先应这样做的：
　　　正面词采用"宜"，反面词采用"不宜"；

　4）表示有选择，在一定条件下可以这样做的，采用"可"。

2 条文中指明应按其他有关标准执行的写法为："应符合……的规定"或"应按……执行"。

引用标准名录

1　《建筑施工场界环境噪声排放标准》GB 12523
2　《室内空气质量标准》GB/T 18883
3　《三相配电变压器能效限定值及节能评价值》GB 20052
4　《能源管理体系要求》GB/T 23331
5　《声环境质量标准》GB 3096
6　《建筑抗震设计规范》GB 50011
7　《建筑采光设计标准》GB 50033
8　《建筑照明设计标准》GB 50034
9　《民用建筑隔声设计规范》GB 50118
10　《民用建筑热工设计规范》GB 50176
11　《公共建筑节能设计标准》GB 50189
12　《智能建筑设计标准》GB 50314
13　《绿色建筑评价标准》GB/T 50378
14　《民用建筑节水设计标准》GB 50555
15　《民用建筑供暖通风与空气调节设计规范》GB 50736
16　《建筑外门窗气密、水密、抗风压性能分级及检测方法》
　　GB/T 7106
17　《居住区智能化系统配置与技术要求》CJ/T 174
18　《城市夜景照明设计规范》JGJ/T 163
19　《严寒和寒冷地区居住建筑节能设计标准》JGJ 26
20　《公共建筑节能设计标准黑龙江省实施细则》DB 23/1269
21　《黑龙江省居住建筑节能65%设计标准》DB 23/1270

黑龙江省地方标准

黑龙江省绿色建筑评价标准

DB 23/T 1642—2015

条 文 说 明

制 定 说 明

《黑龙江省绿色建筑评价标准》DB 23/T 1642—2015，经黑龙江省住房和城乡建设厅 2015 年 5 月 21 日以第 160 号公告批准、发布。

本标准结合我省地域（气候、环境、资源、经济、文化及建筑业发展具体情况）特点，依据现行国家标准《绿色建筑评价标准》GB/T 50378—2014，并借鉴近年来我省和其他省（市）绿色建筑方面的实践经验、研究成果和先进经验制定的黑龙江省绿色建筑综合评价标准。

本标准是为贯彻落实完善资源节约标准的要求，适应现阶段黑龙江省绿色建筑实践及评价工作的需要，根据住房和城乡建设厅的要求，由黑龙江省寒地建筑科学研究院、哈尔滨市城乡建设委员会会同有关单位编制而成。

为便于广大设计、施工、科研、学校等单位有关人员在使用本标准时能正确理解和执行条文规定，标准编制组按章、节、条顺序编制了本标准的条文说明，对条文规定的目的、依据以及执行中需要注意的有关事项进行了说明。但是根据《工程建设标准编写规定》建标〔2008〕182 号第九十九条的规定，本条文说明不是对标准正文内容的补充规定或加以引申，因此，不具备与标准正文同等的法律效力，仅供使用者作为理解和把握标准规定的参考。

目　次

1 总　　则

1.0.1 建筑活动是人类对自然资源、环境影响最大的活动之一。目前，黑龙江省正处于经济快速发展阶段，建筑年增量较大，建筑相关资源消耗总量增长较快。因此，我省必须牢固树立和认真落实科学发展观，坚持可持续发展理念，大力发展绿色建筑。我省发展绿色建筑应贯彻执行节约资源和保护环境的国家技术经济政策。制定本标准的目的是规范黑龙江省绿色建筑的评价，推动黑龙江省绿色建筑的发展。

1.0.2 建筑因使用功能不同，其能源资源消耗和对环境的影响存在较大差异。本标准适用范围覆盖民用建筑各主要类型，并兼具通用性和可操作性，以适应现阶段黑龙江省绿色建筑实践及评价工作的需要。

1.0.3 黑龙江省地处严寒地区，跨越纬度大，冬季南北温差极大，全省十三个地市的气候、地理环境、自然资源、经济发展与社会习俗等都有很大的差异，评价绿色建筑时，应注重地域性，因地制宜、实事求是，充分考虑建筑所在地域的气候、资源、自然环境、经济、文化等特点。建筑物从规划设计到施工，再到运行使用及最终的拆除，构成一个全寿命期。本标准基本实现了对建筑全寿命期内各环节和阶段的覆盖。节能、节地、节水、节材和保护环境（四节一环保）是我国绿色建筑发展和评价的核心内容。绿色建筑要求在建筑全寿命期内，最大限度地节能、节地、节水、节材和保护环境，同时满足建筑功能要求。结合建筑功能要求，对建的四节一环保性能进行评价时，要综合考虑，统筹兼顾，总体平衡。

1.0.4 符合国家及我省的法律法规与相关的标准是参与绿色建筑评价的前提条件。本标准未全部涵盖通常建筑物所应有的功能和性能要求，而是着重评价与绿色建筑性能相关的功能，主要包括节能、节地、节水、节材与保护环境等方面。因此建筑的基本要求，如结构安全、防火安全等要求不列入本标准。发展绿色建筑，建设节约型社会，必须倡导城乡统筹、循环经济的理念，全社会参与，挖掘建筑节能、节地、节水、节材的潜力。注重经济性，从建筑的全寿命周期核算效益和成本，顺应市场发展需求及地方经济状况，提倡朴实简约，反对浮华铺张，实现经济效益、社会效益和环境效益的统一。

3 基 本 规 定

3.1 基 本 要 求

3.1.1 建筑单体和建筑群均可以参评绿色建筑。绿色建筑的评价，首先应基于评价对象的性能要求。当需要对某工程项目中的单栋建筑进行评价时，由于有些评价指标是针对该工程项目设定的（如住区的绿地率），或该工程项目中其他建筑也采用了相同的技术方案（如再生水利用），难以仅基于该单栋建筑进行评价，此时，应以该栋建筑所属工程项目的总体为基准进行评价。

3.1.2 考虑到大力发展绿色建筑的需要，同时也参考国外开展绿色建筑评价的情况，现将绿色建筑评价明确划分为"设计评价"和"运行评价"。设计评价的重点在评价绿色建筑方方面面采取的"绿色措施"和预期效果上，而运行评价则不仅要评价"绿色措施"，而且要评价这些"绿色措施"所产生的实际效果。除此之外，运行评价还关注绿色建筑在施工过程中留下的"绿色足迹"，关注绿色建筑正常运行后的科学管理。简言之，"设计评价"所评的是建筑的设计，"运行评价"所评的是已投入运行的建筑。

3.1.3 申请评价方依据有关管理制度文件确定。本条对申请评价方的相关工作提出要求。绿色建筑注重全寿命期内能源资源节约与环境保护的性能，申请评价方应对建筑全寿命期内各个阶段进行控制，综合考虑性能、安全、耐久、经济、美观等因素，优化建筑技术、设备和材料选用，综合评估建筑规模、建筑技术与投资之间的总体平衡，并按本标准的要求提交相应分析、测试报告和相关文件。

3.1.4 绿色建筑评价机构依据有关管理制度文件确定。本条对绿色建筑评价机构的相关工作提出要求。绿色建筑评价机构应按照本标准的有关要求审查申请评价方提交的报告、文档，并在评价报告中确定等级。对申请运行评价的建筑，评价机构还应组织现场考察，进一步审核规划设计要求的落实情况以及建筑的实际性能和运行效果。

3.2 评价与等级划分

3.2.1 "施工管理"类评价指标，是为了实现标准对建筑全寿命期内各环节和阶段的覆盖。为鼓励绿色建筑在节约资源、保护环境的技术、管理上的创新和提高，本标准增加了"加分项"。"加分项"部分条文本可以分别归类到七类指标中，但为了将鼓励性的要求和措施与对绿色建筑的七个方面的基本要求区分开来，将全部"加分项"条文集中在一起，列成单独一章。

3.2.2 运行评价是最终结果的评价，检验绿色建筑投入实际使用后是否真正达到了四节一环保的效果，应对全部指标进行评价。设计评价的对象是图纸和方案，还未涉及施工和运营，所以不对施工管理和运营管理两类指标进行评价。但是，施工管理和运营管理的部分措施如得到提前考虑，并在设计评价时预评，将有助于达到这两个阶段节约资源和环境保护的目的。

3.2.3 控制项，为绿色建筑的必备条件，全部满足本标准中控制项要求的建筑，方可认为已具备绿色建筑的基本要求；评分项，依据评价条文的规定确定得分或不得分，得分时根据需要对具体评分子项确定得分值，或根据具体达标程度确定得分值。加分项的评价，依据评价条文的规定确定得分或不得分。

本标准中评分项的赋分有以下几种方式：

1 一条条文评判一类性能或技术指标，且不需要根据达标情况不同赋以不同分值时，赋以一个固定分值，该评分项的得分为0分或固定分值，在条文主干部分表述为"评价分值为某分"；

2 一条条文评判一类性能或技术指标，需要根据达标情况不同赋以不同分值时，在条文主干部分表述为"评价分值为某分"，同时在条文主干部分将不同得分值表述为"得某分"的形式，且从低分到高分排列，对场地年径流总量控制率采用这种递进赋分方式；递进的档次特别多或者评分特别复杂的，则采用列表的形式表达，在条文主干部分表述为"按某表的规则评分"；

3 一条条文评判一类性能或技术指标，但需要针对不同建筑类型或特点分别评判时，针对各种类型或特点按款或项分别赋以分值，各款或项得分均等于该条得分，在条文主干部分表述为"按下列任一款的规则评分"；

4 一条条文评判多个技术指标，将多个技术指标的评判以款或项的形式表达，并按款或项赋以分值，该条得分为各款或项得分之和，在条文主干部分表述为"按下列若干款（项）的规则分别评分并累计"；

5 一条条文评判多个技术指标，其中某技术指标需要根据达标情况不同赋以不同分值时，首先按多个技术指标的评判以款或项的形式表达并按款或项赋以分值，然后考虑达标程度不同对其中部分技术指标采用递进赋分方式。

本标准中评分项和加分项条文主干部分给出了该条文的"评价分值"或"评价总分值"，是该条可能得到的最高分值。

3.2.4 本标准按评价总得分来确定绿色建筑的等级。考虑到各类指标重要性方面的相对差异，计算总得分时引入了权重。同时，为了鼓励绿色建筑技术和管理方面的提升和创新，计算总得分时还计入了加分项的附加得分。

设计评价的总得分为节地与室外环境、节能与能源利用、节水与水资源利用、节材与材料资源利用、室内环境质量五类指标的评分项得分经加权计算后与加分项的附加得分之和；运行评价的总得分为节地与室外环境、节能与能源利用、节水与水资源利用、节材与材料资源利用、室内环境质量、施工管理、运营管理七类指标的评分项得分经加权计算后与加分项的附加得分之和。

3.2.5 本标准按评价总得分确定绿色建筑的等级。对于具体的参评建筑而言，它们在功能、所处地域的气候、环境、资源等方面客观上存在差异，对不适用的评分项条文不予评定。这样，适用于各参评建筑的评分项的条文数量和总分值可能不一样。对此，计算参评建筑某类指标评分项的实际得分值与适用于参评建筑的评分项总分值的比率，反映参评建筑实际采用的"绿色措施"和（或）效果占理论上可以采用的全部"绿色措施"和（或）效果的相对得分率。

3.2.7 本条对各类指标在绿色建筑评价中的权重作出规定。表3.2.7中给出了设计评价、运行评价时居住建筑、公共建筑的分项指标权重。施工管理和运营管理两类指标不参与设计评价。各类指标的权重经广泛征求意见和试评价后综合调整确定。

3.2.8 控制项是绿色建筑的必要条件，规定了每类指标的最低得分要求，避免仅按总得分确定等级引起参评的绿色建筑可能存在某一方面性能过低的情况。

在满足全部控制项和每类指标最低得分的前提下，绿色建筑按总得分确定等级。评价得分及最终评价结果可按表3.2.8记录。

表 3.2.8 绿色建筑评价得分与结果汇总表

工程项目名称								
申请评价方								
评价阶段		□设计评价□运行评价			建筑类型	□居住建筑□公共建筑		
评价指标		节地与室外环境	节能与能源利用	节水与水资源利用	节材与材料资源利用	室内环境质量	施工管理	运营管理
控制项	评定结果	□满足	□满足	□满足	□满足	□满足	□满足	□满足
	说明							
评分项	权重 w_i							
	适用总分							
	实际得分							
	得分 Q_i							
加分项	得分 Q_8							
	说明							
总得分 ΣQ								
绿色建筑等级		□一星级　　□二星级　　□三星级						
评价结果说明								
评价机构					评价时间			

3.2.9 不论建筑功能是否综合，均以各个条/款为基本评判单元。对于某一条文，只要建筑中有相关区域涉及，则该建筑就参评并确定得分。在此后的具体条文及其说明中，有的已说明混合功能建筑的得分取多种功能分别评价结果的平均值；有的则已说明按各种功能用水量的权重，采用加权法调整计算非传统水源利用率的要求等。还有一些条文，下设两款分别针对居住建筑和公共建筑的（即本标准第3.2.3条条文说明中所指的第3种情况），所评价建筑如同时具有居住和公共功能，则需按这两种功能分别评价后再取平均值，标准后文中不再一一说明。最后需要强调的是，建筑整体的等级仍按本标准的规定确定。

4 节地与室外环境

4.1 控 制 项

4.1.1 本条适用于各类民用建筑的设计、运行评价。

《城乡规划法》第二条明确规定："本法所称城乡规划，包括城镇体系规划、城市规划、镇规划、乡规划和村庄规划"；第四十二条规定："城市规划主管部门不得在城乡规划确定的建设用地范围以外做出规划许可"，因此，任何建设项目的选址必须符合所在地城乡规划。

文物古迹是指人类在历史上创造的具有价值的不可移动的实物遗存，包括地面与地下的古遗址、古墓葬、古建筑、石窟寺和古碑石刻；反映古代社会制度、生产、生活的代表性实物、艺术品及工艺美术品；与重大历史事件、近代代表性建筑、革命纪念建筑等，主要指文物保护单位、保护建筑和历史建筑。在项目开发过程中应符合《黑龙江省文物管理条例》（修正）等相关条例、标准和规定。

场址场地内有价值的树木、水塘、水系不但具有较高的生态价值，而且是传承场地所在区域历史文脉的重要载体，也是该区域重要的景观标志。因此，应根据《城市绿化条例》（1992 年国务院令第 100 号）等国家相关规定予以保护。

根据《中华人民共和国森林法实施条例》规定，森林资源包括森林、林木、林地以及依托森林、林木、林地生存的野生动物、植物和微生物。

其他保护区包括自然保护区、自然风景保护区、生物圈保护区、历史文化保护区等。

黑龙江省土地面积约 45.30 万平方公里，矿产资源综合统计全国第一，在采矿（煤）区建设绿色建筑的选址，应保证建设场地内无可开采的地下矿产资源，避免资源开发利用和住区建设的矛盾发生。

在项目开发规划过程中应尽可能维持原有场地的地形地貌，充分利用场地自然状态，这样既可以减少用于场地平整所带来的建设投资，减少施工的工程量，也避免了因场地建设对原有生态环境景观的破坏。

当因建设确需大面积改造场地内地形、地貌、水系、植被等环境状况时，应向当地环保部门报告并取得批准。在工程结束后，鼓励建设方采取相应的场地环境恢复措施，减少对原有场地环境的改变，避免因土地过度开发而造成对城市整体环境的破坏。

本条的评价方法为：设计评价查阅项目场地区位图、地形图以及当地城乡规划、国土、文化、园林、旅游或相关保护区等有关行政管理部门提供的法定规划文件或出具的证明文件；运行评价在设计评价方法之外还应进行现场核实。

4.1.2 本条适用于各类民用建筑的设计、运行评价。

建筑场地与各类危险源的距离应满足相应危险源的安全防护距离等控制性要求，对场地中的不利地段或潜在危险源应采取必要的避让、防护或控制、治理等措施，对场地中存在的有毒有害物质应采取有效的治理与防护措施，进行无害化处理，确保符合各项安全标准。建设场地的科学确定，是决定建筑外部大环境是否安全、环保的重要前提。因此建设场地的选定应严格执行《国家环境保护"十二五"环境与健康工作规划》及《黑龙江省环境保护"十二五"规划》的相关要求。

众所周知，洪灾、泥石流、采空塌陷等自然灾害，对建筑场地会造成毁灭性破坏。黑龙江省的部分城市和地区如哈尔滨（东南部）、牡丹江、黑河、绥化（东部）、伊春等，位于大、小兴安岭、老爷岭、张广才岭、完达山脉区域，该区域海拔 600 ~ 1 690 m，为低山丘陵地貌。南部山地地势陡峭、河流源短流急、沟谷中多有第四系松散堆积物，区内地质条件复杂，构造发育、人为活动较强，汛期如遇有持续性降水，极易诱发崩塌、滑坡、泥石流等突发性地质灾害。北部沟宽坡缓，但坡度大于25°，沟谷呈簸箕形、圈椅形的地区有汛期发生滑坡、泥石流的可能，特别是部分露天采矿区及矿山尾矿堆积区，遇高强度降水，极易导致滑坡、泥石流的发生。

黑龙江省的部分城镇建设与江、河、湖相邻，在项目规划时应对拟选用地的水文状况做出分析判断，场地应位于洪水水位之上（或有可靠的城市防洪设施），防洪设计应符合现行国家标准《防洪标准》GB 50201 及《城市防洪工程设计规范》GB/T 50805 的规定。

黑龙江省的鸡西、七台河、双鸭山、鹤岗四大煤城因采煤产生地面塌陷的面积已达 500 余平方公里，塌陷深度不等，一般 2~10 m，深者可达 30 余米，积水成湖，浅者形成积水洼地，造成房屋开裂、坍塌，良田、公路被毁。如在其区域建设绿色建筑，应取得有资质部门的安全认证后方可建设，必须保证对建筑物没有威胁。

氡是存在于土壤和石材中的无色无味的致癌物质，会对人体产生极大伤害，土壤中氡浓度的控制应符合现行国家标准《民用建筑工程室内环境污染控制规范》GB 50325 的规定。电磁辐射对人体有两种影响：一是电磁波的热效应，当人体吸收到一定量的时候就会出现高温生理反应，最后导致神经衰弱、白细胞减少等病变；二是电磁波的非热效应，当电磁波长时间作用于人体时，就会出现如心率、血压等生理改变和失眠、健忘等生理反应，电磁辐射无色无味无形，可以穿透包括人体在内的多种物质，人体如果长期暴露在超过安全的辐射剂量下，细胞就会被大面积杀伤或杀死，并产生多种疾病，建设场地电磁辐射应符合现行国家标准《电磁辐射防护规定》GB 8072 的规定。此外，如油库、煤气站、有毒物质车间等均有发生火灾、爆炸和毒气泄漏的可能。为此，建筑选址必须符合国家相关的安全规定。

本条的评价方法为：设计评价查阅地形图，审核应对措施的合理性及相关检测报告；运行评价在设计评价方法之外还应进行现场核实。

4.1.3 本条适用于各类民用建筑的设计、运行评价。

建筑场地内不应存在未达标排放或超标排放的气态、液态或固态的污染源，例如：易产生噪声的营业和运动场所，油烟未达标排放的厨房，产生煤气或工业废气超标排放的燃煤锅炉房，建设场地内或地下设置有存量较大的停车库，造成污染物超标排放和污染物排放超标的垃圾堆等。在规划设计时，应主要根据项目性质合理布局或利用措施进行排除，符合《黑龙江省居民居住环境保护办法》等环保要求。

本条的评价方法为：设计评价查阅环评报告，审核应对措施的合理性；运行评价在设计评价方法之外还应进行现场核实。

4.1.4 本条适用于各类民用建筑的设计、运行评价。

建筑规划的科学合理是满足建筑室内外的日照环境、采光和通风的保证，应满足《城市居住区规划设计规范》GB 50180 及黑龙江省相关标准中有关住宅建筑日照标准要求。黑龙江省位于严寒地区，采暖期长。建设区域建筑的室内外日照环境、日照和通风条件与室内的空气质量优劣密切相关，并直接影响使用者的身心健康、工作和居住生活质量，从建筑节能和环境要求，建筑规划应以南北向为主，居住建筑的起居厅、卧室等主要房间尽可能的设置在南向，其他建筑的主要房间亦应尽可能设置在南向，建筑的南向为南偏东30°至南偏西30°范围。

我国对居住建筑以及幼儿园、医院、疗养院等公共建筑都制定有相应的国家标准或行业标准，对其日照、消防、防灾、视觉卫生等提出了相应的技术要求，直接影响着建筑布局、间距和设计。

如《城市居住区规划设计规范》GB 50180 中第 5.0.2.1 规定了住宅的日照标准，同时明确了：老年人居住建筑不应低于冬至日日照 2 h 的标准；在原设计建筑外增加任何设施不应使相邻住宅原有日照标准降低；旧区改建的项目内新建住宅日照标准可酌情降低，但不应低于大寒日日照 1 h 的标准。

如《托儿所、幼儿园建筑设计规范》JGJ 39－87 中规定：托儿所、幼儿园的生活用房应布置在当地最好日照方位，并满足冬至日底层满窗日照不少于 3 h 的要求；《中小学校设计规范》GB 50099 中对建筑物间距的规定是：南向的普通教室冬至日底层满窗日照不应小于 2 h。因此，建筑的布局与设计应充分考虑上述技术要求，最大限度地为建筑提供良好的日照条件。本标准提出满足相应国家标准的控制要求，若没有相应国家标准要求的可直接达标。

建筑布局不仅要求所有建筑都满足有关日照标准，还应兼顾周边，应避免过多遮挡周边建筑的日照，减少对相邻的住宅、幼儿园生活用房等有日照标准要求的建筑产生不利的日照遮挡。条文中的"不降低周边建筑的日照标准"是指：对于新建项目的建设，应满足周边建筑有关日照要求。对于改造项目分两种情况：周边建筑改造前满足日照标准要求的应保证其改造后仍符合相关日照标准要求；周边建筑改造前未满足日照标准要求的，改造后不可再降低其原有日照水平。

本条的评价方法为：设计评价查阅相关设计文件和日照模拟分析报告；运行评价查阅相关竣工图和日照模拟分析报告，并现场核实。

4.2 评 分 项

I 土 地 利 用

4.2.1 本条适用于各类民用建筑的设计、运行评价。本标准的居住建筑不包括国家明令禁止建设的别墅类项目。

对居住建筑，人均居住用地指标是控制居住建筑节地的关键性指标，本标准根据现行国家标准《城市居住区规划设计规范》GB 50180—93（2002 版）第 3.0.3 条的规定，提出人均居住用地指标；15 分或 19 分是根据居住建筑的节地情况进行赋值的，评价时要进行选择，可得 0 分、15 分或 19 分。

公共建筑种类繁多，在保证其基本功能及室外环境的前提下应按照所在地城乡规划的要求采用合理的容积率。就节地而言，对于容积率不可能高的建设项目，在节地环节得不到太高的评价，但可以通过精心的场地设计，在创造更高的绿地率以及提供更多的开敞空间或公共空间等方面获得更好的评价；而对于容积率适宜较高的建设项目，在节地方面更容易获得较好的评分。

根据《全国土地利用总体规划纲要（2006—2020 年）》对黑龙江省土地利用的总体要求和《黑龙江省全面建设小康社会规划纲要》、《黑龙江省国民经济和社会发展"十二五"规划纲要》、《黑龙江省生态省建设规划纲要》等对我省经济发展确定的总体目标，在协调资源环境容量、土地供给能力和保持土地资源可持续利用的基础上，确定全省规划期（2006 年—2020 年）内土地利用总体目标是：严格耕地保护措施，保持耕地面积稳定；控制建设用地规模，提高节约集约用地水平；统筹区域土地利用，优化用地结构和布局；协调土地利用与生态环境，保持土地资源可持续利用；发挥规划调控作用，提高土地管理水平。因此，在规划建设居住区的项目实施过程中，合理安排建设用地规模，提高土地节约集约利用水平是黑龙江省土地管理的持续重点工作。全省到 2020 年建设用地控制在 164.78 万公顷之内，其中城乡建设用地规模控制在 118.80 万公顷。

据调查，全省三分之二以上的城镇人均建设用地超过国家规定的标准，平均产出率低于全国平均水平。集约利用总体水平较低。

黑龙江省是经济欠发达省份，建设用地占总用地的比重低，随着全省经济快速发展及城市化和工业化进程加快，各类建设项目剧增，建设用地和耕地保护之间矛盾日益突出。到 2020 年我省人口总量控制在 4 000 万人以内。随着人口总量增加和城市化进程加快，随着生态省建设，将限制土地开发。

根据黑龙江省建设用地十分紧张的实际情况，三分之二以上的城镇人均建设用地超过国家规定的标准，为节约建筑用地，结合黑龙江省多年居住区规划建设的指标范围，建设绿色建筑应避免居住用地人均用地指标突破国家相关标准的情况发生，按《城市用地分类与规划建设用地标准》GB 50137—2011 的 4.2、4.3 节的规定，结合《绿色建筑评价标准》GB/T 50378—2014 标准的相应指标要求保持国家标准要求。

本条的评价方法为：设计阶段审核相关设计文件及规划、国土部门的规划批件；运行阶段在设计阶段评价方法之外还应核实竣工图。

4.2.2 本条适用于各类民用建筑的设计、运行评价。

绿地率指建设项目用地范围内各类绿地面积的总和占该项目总用地面积的比率（%）。绿地包括建设项目用地中各类用作绿化的用地。

合理设置绿地可以起到改善和美化环境、调节小气候、缓解城市热岛效应等作用。绿地率以及公共绿地的数量是衡量住区环境质量的重要标志之一，根据《城市居住区规划规范》GB 50180 的规定，绿地应包括公共绿地、宅旁绿地、公共服务设施所属绿地和道路绿地（道路红线内的绿地），包括满足当地植树绿化覆土要求、方便居民出入的地下或半地下建筑的屋顶绿化，不包括其他屋顶、晒台的人工绿地。

住区的公共绿地是指满足规定的日照要求、适合于安排游憩活动设施、供居民共享的集中绿地，包括居住区公园、小游园和组团绿地及其他块状、带状绿地。集中绿地应满足的基本要求：宽度不小于 8 m，面积不小于 400 m²，并应满足有不少于 1/3 的绿地面积在标准的建筑日照阴影线范围之外。

为保障城市公共空间的品质、提高服务质量，每个城市对城市中不同地段或不同性质的公共设施建设项目，都制定有相应的绿地管理控制要求，因此本条鼓励公共建筑项目优化建筑布局提供更多的绿化用地，创造更加宜人的公共空间；鼓励绿地设置休憩、娱乐等设施并向社会公众免费开放，以提供更多的公共活动空间。

合理确定快、慢长树的比例。慢长树所占比例一般不少于树木总量的 40%，绿化用地栽植土壤条件应符合《公园设计规范》CJJ 48 的有关规定。

本条的评价方法为：设计阶段查阅相关设计文件、居住建筑平面日照等时线模拟图、计算书；运行评价查阅相关竣工图、居住建筑平面日照等时线模拟图、计算书，并现场核实。

4.2.3 本条适用于各类民用建筑的设计、运行评价。

开发利用地下空间是城市节约集约用地的主要措施，也是节地倡导的措施之一。地下空间的开发利用与诸多因素有关，如应与地上建筑及城市空间相结合，统一规划，科学地协调地上及地下空间的承载、震动、污染及噪音等问题，避免对既有设施造成损害，预留与未来设施连接的可能性，满足人防、消防及防灾规范要求；应遵循分层分区、综合利用、公共优先以及分期建设的原则；应考虑对空间资源的保护，应在浅层空间得到充分利用的基础上再向深层空间发展；人员活动频繁的地下空间应满足空间使用的安全、便利、舒适及健康等方面的要求，配置相应的治安、环卫、安全、通信及服务等设施，设置符合人的行为习惯的引导标志以及满足无障碍设计的供残疾人专用电梯或斜坡道，从雨水渗透及地下水补给、减少径流外排等生态保护出发，地下空间的利用也应有度，科学合理。

居住建筑利用地下空间往往是建设地下车库、公共建筑，可利用地下空间的机会较多，如地下车库、食堂等空间，居住建筑和公共建筑亦可建设平战结合的防空地下室。但在利用地下空间的同时应结合地质情况，处理好地下入口与地上的有机联系、通风及防渗漏等问题，同时采用适当的手段实现节能。按地下空间与地上空间的建筑面积或与总用地面积比之比作为评分依据。

由于地下空间的利用受诸多因素制约，因此无法利用地下空间的项目应提供相关说明，经论证场地区位和地质条件、建筑结构类型、建筑功能或性质确实不适宜开发地下空间的，可不参评。

本条的评价方法为：设计评价查阅相关设计文件、计算书；运行评价查阅相关竣工图、计算书，并现场核实。

Ⅱ 室 外 环 境

4.2.4 本条适用于各类民用建筑的设计、运行评价。未设计幕墙建筑，本条第 1 款直接得分。

建筑光污染包括建筑反射光（眩光）、夜间的室外夜景照明以及广告照明等造成的光污染。光污染产生的眩光会让人感到不舒服，还会使人降低对灯光信号等重要信息的辨识能力，甚至带来道路安全隐患。

光污染的控制对策包括降低建筑物表面（玻璃和其他材料、涂料）的可见光反射比，合理选配照明灯具，采取防止溢光措施等。《玻璃幕墙光学性能》GB/T 18091 将玻璃幕墙的光污染定义为有害光反射，对玻璃幕墙的可见光反射比作了规定。

《玻璃幕墙光学性能》GB/T 18091 规定，玻璃幕墙应采用反射率不大于 0.3 的幕墙玻璃，这是最低要求。考虑绿色建筑的略高要求，以及目前实际幕墙工程的反射率控制情况及实际效果，因此本标准在满足《玻璃幕墙光学性能》GB/T 18091 规定基础上，反射率要求不高于 0.2。

室外夜景照明设计应满足《城市夜景照明设计规范》JGJ/T 163—2008 第 7 章关于光污染控制的相关要求，并在室外照明设计图纸中体现。

本条的评价方法为：设计评价查阅相关设计文件、光污染分析专项报告；运行评价查阅相关竣工图、光污染分析专项报告、相关检测报告，并现场核实。

4.2.5 本条适用于各类民用建筑的设计、运行评价。

环境噪声是绿色建筑的评价重点之一。绿色建筑设计应对场地周边的噪声现状进行检测，并对规划实施后的环境噪声进行预测，必要时采取有效措施改善环境噪声状况，使之符合现行国家标准《声环境质量标准》GB 3096 中对于不同声环境功能区噪声标准的规定，并应符合《黑龙江省居民居住环境保护办法》的相关要求。当拟建噪声敏感建筑不能避免临近交通干线，或不能远离固定的设备噪声源时，需要采取措施降低噪声干扰。

需要说明的是，噪声监测的现状值仅作为参考，需结合场地环境的变化（如道路车流量的增长）进行对应的噪声改变情况预测。

本条的评价方法为：设计评价查阅环境噪声影响测试评估报告、噪声预测分析报告；运行评价查阅环境噪声影响测试评估报告、现场测试报告。

4.2.6 本条适用于各类民用建筑的设计、运行评价。

冬季建筑物周围人行区距地 1.5 m 高处风速 $v<5$ m/s 是不影响人们正常室外活动的基本要求。建筑迎风面与背风面风压差不超过 5 Pa，可以减少冷风渗透。

夏季、过渡季通风不畅在住区的某些区域形成无风区或涡旋区，将影响室外散热和污染物的消散，当外窗室内外风压差大于 0.5 Pa 时，有利于建筑的自然通风。

对于黑龙江省多数城市而言（依据本省多年的统计），春季风速较大的情况较多，应以春季作为主要评价季节。黑龙江省部分城镇风速绝对值小于 5 m/s 有些困难，风速放大系数可取不大于 2。

为提升室外环境舒适度，在规划前期可利用基于室外风环境的计算软件 CFD（计算流体力学）通过不同季节典型风向、风速可对建筑外风环境进行模拟分析，其中来流风向、风速为对应季节内出现频率最高的风向和平均风速，可通过查阅建筑设计或暖通空调设计手册中所在城市的相关资料得到。

本条的评价方法为：设计评价查阅相关设计文件、风环境模拟计算报告；运行评价查阅竣工图、风环境模拟计算报告、现场测试报告。

4.2.7 本条适用于各类民用建筑的设计、运行评价。

户外活动场地包括：步道、庭院、广场、游憩场和停车场。乔木遮阴面积按照成年乔木的树冠正投影面积计算；构筑物遮阴按照构筑物正投影面积计算。

本条主要对为改善建筑用地内部以及周边地域的热环境、获得舒适微气候环境所采取的措施进行评价。设备散热、建筑墙体及路面的辐射散热是造成建筑物及其周边热环境恶化的主要原因。这些散热不仅与建筑周围的环境恶化密切相关，而且也是造成城市热岛效应的原因之一。当采用沥青等黑色路面太阳能辐射吸收系数较大时，可采用太阳热反射涂层等技术手段降低太阳热的吸收强度。

黑龙江省位于严寒地区，夏季较短，冬季漫长。在绿色建筑设计时，应充分考虑地域特点及材料的特性。黑龙江省的建筑屋面常用的保温材料为挤塑聚苯乙烯板，挤塑聚苯乙烯板隔热性能较好，热惰性较差，夏季吸收及蓄积的辐射热较少。在冬季阳光的照射下，当深色屋面太阳能辐射吸收系数较大时，可以提高屋面的节能效果，因此，在此条中，仅考虑控制70%的路面太阳能辐射吸收系数。

强调乔灌木的种植率，不仅可以降低夏季的热岛效应，而且可以为深秋和早冬季节加快蒸发土壤水分，降低建筑物周边浅层土壤的水分，提高建筑物周边的土壤温度起到一定作用。因此该项增加了分数。

本条鼓励并建议通过采取一些具体的技术措施来控制热岛强度，包括：

1）采用城市集中供热系统为用地区域内建筑物供热；

2）建筑外墙采用外保温系统，高保温性能的保温材料热惰性较差，可大幅度减少外墙体的蓄热，使建筑物有效降温，利于减弱用地区域出现的"热岛现象"；建筑立面或道路采用反射率不低于0.3的材料，适度提高墙面反光率，从而降低太阳得热，达到降低热岛效应的目的。

3）适当设计建造用地区域内的人工湿地。湿地能吸收二氧化硫、氮氧化物、二氧化碳等，增加氧气、净化空气、降低住区热岛效应、光污染和吸收噪声等；

4）减少用地区域室外道路、广场硬化地面面积，尽量增加绿化面积。路面采用保水性、透水性铺装；

5）在用地区域规划设计方面，留足区域"通风道"，应充分考虑道路通畅、建筑层数、高层楼房集中建设、建筑物相对位置和单体建筑物过长等因素对通风的影响；

6）增加地下停车位，减少用地区域地面停车数量，避免车辆的"热岛效应"。

本条的评价方法为：设计评价查阅相关设计文件；运行评价查阅竣工图，并现场核实。

Ⅲ 交通设施与公共服务

4.2.8 本条适用于各类民用建筑的设计、运行阶段评价。

优先发展公共交通是缓解城市交通拥堵问题的重要措施，因此，建筑与公共交通联系的便捷程度十分重要。为便于建筑使用者选择公共交通出行，在选址与场地规划中应重视建筑及场地与公共交通站点的有机联系，合理设置出入口并设置便捷的步行通道联系公共交通站点，如建筑外的平台直接通过天桥与公交站点相连，或建筑的部分空间与地面轨道交通站点出入口直接连通，地下空间与地铁站点直接相连等。

本条的评价方法为：设计评价查阅相关设计文件；运行评价查阅竣工图，并现场核实。

4.2.9 本条适用于各类民用建筑的设计、运行评价。

场地与建筑及场地内外联系符合《无障碍设计规范》要求的无障碍设计是绿色出行的重要组成部分，是保障各类人群方便、安全出行的基本设施。如果建筑场地外已有无障碍人行通道，场地内的无障碍通道必须与之联系；如场地外未设置无障碍人行通道，场地内的无障碍通道设置到建筑场地出入口并与场地外人行道接驳才能得分。

我省已进入老龄化社会，老年人和儿童的总人数占全省人口比例较高，应大幅度提升居住区室外场地内老年人、儿童的友好度，绿色建筑场地内应设置有利于老人和儿童安全的室外休息、游憩、运动质量的多功能场地，应从休息、游憩、运动场地的选择、场地材料的处理、适宜的空间尺度、自然环境、不同类型的开放空间安全性等方面进行评价。

严寒地区老年人和儿童设施场地坡度不应大于2%。场地内应人车分行，并宜设置适量的无障碍停车位。场地内步行道路宽度不应小于1.8 m，纵坡不宜大于2.0%，并应符合国家标准的相关规定。当在步行道中设台阶时，应设（轮椅）坡道及扶手，轮椅坡道的净宽度应不小于1.2 m，坡度不大于1∶12。

儿童及老年人游憩空间应选择在向阳避风处，并宜设置花廊、亭、榭、桌椅等设施。活动场地应有不少于1/2的活动面积在标准的建筑日照阴影线以外，并应设置一定数量适合老年人及儿童活动安全的活动设施。

室外临水面及临坡地（有高差）的活动场地、踏步及坡道，应设护栏、扶手，护栏及扶手设置与高度应符合国家标准的相关规定，护栏及扶手镂空空间应按防止儿童钻爬的空间尺寸确定。

本条的评价方法为：设计评价查阅相关设计文件；运行评价查阅竣工图，并现场核实。

4.2.10 本条适用于各类民用建筑的设计、运行评价。

本条鼓励使用自行车等绿色环保的交通工具，绿色出行。自行车停车场所应规模适度，布局合理，符合使用者出行习惯。机动车停车应符合所在地控制性详细规划要求，地面停车位应按国家和地方有关标准适度设置，并科学管理组织交通流线，不应对人行、活动场所产生干扰。

"合理设置地面停车位，不挤占步行空间及活动场所"。这是规划的基本要求，因此提出在配建地面停车位时，在不挤占步行空间、活动场所的基础上，额外提供不少于应配建停车位总数

5%的公共停车位，赋予分值。

在地下停车空间或地面停车场设置符合现行国家标准《无障碍设计规范》GB 50763—2012 要求的无障碍机动车停车位，方便残疾人使用。

本条的评价方法为：设计评价查阅相关设计文件；运行评价查阅相关竣工图，并现场核实。

4.2.11 本条适用于各类民用建筑的设计、运行评价。

根据《城市居住区规划设计规范》GB 50180 相关规定，住区配套服务设施（也称配套公建）应包括：教育、医疗卫生、文化体育、商业服务、金融邮电、社区服务、市政公用和行政管理等八类设施。公共服务设施主要指城市行政办公、文化、教育科研、体育、医疗卫生和社会福利等六大类设施。住区配套服务设施，可减少机动车出行需求，有利于节约能源、保护环境。设施整合集中布局、协调互补和社会共享可提高使用效率、节约用地和投资。

公共建筑集中设置，配套的设施设备共享，也是提高服务效率、节约资源有效方法。兼容两种以上主要公共服务功能是指主要服务功能在建筑内部混合布局，部分空间共享使用，如建筑中设有共用的会议设施、展览设施、健身设施以及交往空间、休息空间等。

配套辅助设备是指建筑或建筑群的车库、锅炉房或空调机房、监控室、食堂等可以共用的辅助性设施设备；大学、独立学院和职业技术学院、高等专科学校等专用运动场所科学管理，并在非校用时间向社会开放；文化、体育设施的室外活动场地错时向社会开放；办公建筑的室外场地在非办公时间向周边居民开放；高等教育学校的图书馆、体育馆等定时免费向社会开放等。公共空间的共享既可增加公众的活动场所，有利陶冶情操、增进社会交往，又可提高各类设施和场地的使用效率，是绿色建筑倡导和鼓励的建设理念。

本条的评价方法为：设计评价查阅相关设计文件；运行评价

查阅相关竣工图，并现场核实。如参评项目是单体建筑，则"场地出入口"用"场地主要出入口"替代。

Ⅳ 场地设计与场地生态

4.2.12 本条适用于各类民用建筑的设计、运行评价。

建设项目应对场地可利用的自然资源进行勘查，充分利用原有地形地貌，尽量减少土石方量，减少开发建设过程对场地及周边环境生态系统的改变，包括原有植被、水体，特别是大型乔木。在建设过程中确需改造场地内的地形、地貌、水体、植被等时，应在工程结束后参照《土地复垦技术标准》（试行）等技术要求及时采取生态复原措施，减少对原场地环境的改变和破坏。表层土含有丰富的有机质、矿物质和微量元素，适合植被和微生物生长，场地表层土的保护和回收利用是土壤资源保护、维持生物多样性的重要方法之一。除此之外，根据场地实际情况，采取其他生态恢复和补偿措施，如对土壤进行生态处理，对污染的水体进行净化和循环，对植被进行生态设计以恢复场地原有动植物生态环境等，也可作为得分依据。

本条的评价方法为：设计评价查阅相关设计文件、生态保护和补偿计划；运行评价查阅相关竣工图、生态保护和补偿报告，并现场核实。

4.2.13 本条适用于各类民用建筑的设计、运行评价。

场地开发应遵循低影响开发（LID）原则，合理利用场地空间设置绿色雨水基础设施（GSI）。绿色雨水基础设施是一种由诸如林荫街道、湿地、公园、林地、自然植被区等开放空间和自然区域组成的相互联系的网络，能够以自然的方式控制城市雨水径流、减少城市洪涝灾害、控制径流污染、保护水环境。GSI 典型措施有：雨水花园（生物滞留）、屋顶绿化、植被浅沟、截断径流直接排放、渗透设施、雨水塘，雨水湿地、景观水体、多功能调蓄设施等。组合应用这些措施可实现削减径流系数、调蓄利用雨水资源、滞留调节径流峰值、控制径流水质、降低合流制管道的溢流量和溢流频率、安全输送、河道保护、营造生态化景观等多种功能。绿色雨水基础设施除有效控制雨水径流外，还有助于净化空气、减少能源需求、缓解城市热岛效应、增强固碳作用、土地增值、节约投资、降低设施运行费用，为市民提供具有美学和生态功能的自然景观和宜居环境。

城市土地资源稀缺、寸土寸金，充分利用地面空间来进行雨水管理措施的设计极为必要。绿色建筑不仅要保证其自身没有洪涝、污染风险，还应考虑开发后对外不形成洪涝和污染威胁。场地设计应合理评估和预测场地可能存在的水涝风险，充分利用场地空间，尽量使场地雨水就地消纳或利用，最大程度上减少径流外排，避免径流外排带来的径流污染问题，不但能防止径流外排在其他区域形成水涝和污染，还能达到一定程度的削峰和峰值延迟效果。

这就要求场地开发过程中尽量不破坏场地原有的自然水文环境，但实际工程中场地开发难免会对原有场地造成破坏，如何在开发过程中最小程度地干扰场地水文条件，就需要遵循低影响开发的原则。低影响开发强调发展注重生态保护，其核心思想是充分利用原有场地条件并通过采取一系列小型的、分散的雨水管理措施对场地雨水实施源头控制，保护场地开发前的水文特征和水质，使地内整个水系统接近自然状态的良性循环。

实际经验证明，小型的分散措施尤其适用于建设场地的开发，这些措施不仅能有效地控制场地内部的径流，还能从源头防止径流外排对周边场地和环境形成洪涝和污染，从根本上避免了大规模终端控制措施占地面积大、成本高、管理维护复杂和控制效果不理想等问题。LID/GSI 典型措施包括雨水管截留（又称断接）、渗透铺装、植被浅沟、生物滞留（包括雨水花园、下凹式绿地、树池等）、渗透沟渠、绿色屋顶、植被过滤带/缓冲带、雨水桶、多功能调蓄设施等。

场地的雨水控制利用涉及多重目标的综合考虑，多个专业之间的协调配合，当场地面积超过一定范围时，应进行雨水专项规划。雨水专项规划是通过与建筑、景观、道路和市政等不同专业的协调配合，综合考虑各类因素的影响，对径流减排、污染控制、雨水收集回用进行全面统筹规划，因地制宜地利用现有条件进行土地利用和规划设计，最终通过技术经济比较确定最优方案，充分发挥项目的社会效益、经济效益和环境效益。通过实施雨水专项规划设计，能避免实际工程中针对某个子系统（雨水利用、径流减排、污染控制等）进行独立设计所带来的诸多资源配置和统筹衔接问题，避免出现"顾此失彼"的现象，减少大量资金和资源浪费。具体评价时，场地占地面积超过 10 hm² 的项目，应提供雨水及其冬季临时积雪清除专项规划，小于 10 hm² 的项目可不做雨水及其冬季堆雪专项规划，但应按现行国家标准《城镇给水排水技术规范》GB 50788 第 5 章等技术规范的要求，根据场地条件合理采用雨水控制利用措施。合理开发利用地面空间不仅是地面空间开发的问题，还应该包括合理的整体规划布局，如合理利用植被缓冲带和前处理塘连接和引导不透水地面和透水地面上的雨水进入场地开放空间，合理引导屋面雨水和道路雨水进入地面生态设施等，保证雨水排放和滞蓄过程中有良好的衔接关系，并有效保障自然水体和景观水体的水质、水量安全。

1 屋面雨水和道路雨水是建筑场地产生径流的重要源头，易被污染并形成污染源，给下游地区带来水质、水量威胁，故宜截留屋面雨水和道路雨水，合理引导其进入地面生态设施进行调蓄、下渗和利用，并在雨水进入生态设施前后采取相应截污措施，保证雨水在滞蓄和排放过程中有良好的衔接关系，保障自然水体和景观水体的水质、水量安全。

2 应利用场地的河流、湖泊、水塘、湿地、低洼地作为雨水调蓄设施，减少后天设计人工池体进行调蓄或者先破坏再恢复的开发方式；另一方面应充分利用场地内设计景观来调蓄雨水，如景观绿地和景观水体等，达到有限土地资源多功能开发的目标，避免实际开发过程中由于缺乏沟通导致多套系统进行单独设计，浪费大量资金和土地，能调蓄雨水的景观绿地包括下凹式绿

72

地、雨水花园、树池、花塘等生物滞留设施。

　　3　若能通过雨水的下渗减少实际形成径流，也将很大程度上减少地面生态调蓄设施所需要的占地，加强雨水下渗就需要减少室外场地的不透水面积，减少场地不透水面积的具体措施包括停车场、道路和室外活动场地的渗透铺装，以及其他一些低影响开发措施和绿色雨水基础设施。评价时以场地的透水地面面积比为依据，透水地面面积比指透水地面面积占室外地面总面积的比例。

　　4　利用场地空间设置冬季积雪清除临时堆放场地，并可以根据需要形成冰雪景观，积雪过量时可及时清除，有利于冬季场地环境景观的开发利用。

　　本条的评价方法为：设计评价审核地形图及场地规划设计文件，查阅雨水专项规划（场地大于 10 hm² 的应提供雨水专项规划，没有提供的此条不得分；场地小于 10 hm² 的，可以不做雨水专项规划）、施工图纸（含总图、景观设计图、室外给排水总平面图）等；运行评价在设计阶段评价方法之外还应现场核查水体保护及绿色雨水基础设施实施和冬季积雪利用、堆放和清除情况。

4.2.14　本条适用于各类民用建筑的设计、运行评价。

　　场地设计应合理评估和预测场地可能存在的水涝风险，尽量使场地雨水就地消纳或利用，防止径流外排在其他区域形成水涝和污染。通过控制一定比率的降雨总量，能有效控制径流外排量，最大程度上减少径流外排带来的径流污染问题，同时还能达到一定程度的削峰和峰值延迟效果。径流总量控制同时包括雨水的减排和利用，实施过程中减排和利用的比例需依据场地的实际情况，通过合理的技术经济比较，来确定最优化方案。

　　从区域角度看，雨水的过量收集会导致原有水体的萎缩或影响水系统的良性循环。要使硬化地面恢复到自然地貌的环境水平，最佳的雨水控制量应以雨水排放量接近自然地貌为标准，因此从经济性和维持区域性水环境的良性循环角度出发，径流的控制率也不宜过大，而应有合适的量（除非具体项目有特殊的防洪排涝设计要求）。本条设定的径流总量控制率不宜超过85%。

年径流总量控制率定义为一年内场地雨水径流通过自然和人工强化的入渗、滞留、调蓄和回用而得到控制的径流雨量占全年全部雨量的百分比。雨水设计应协同场地、景观设计采用屋顶绿化、透水地面铺装等措施降低地表径流量，同时利用下凹绿地、浅草沟、雨水花园加强雨水入渗，滞蓄、调节雨水外排量，也可根据项目的用水需求收集雨水回用，实现减少场地雨水外排的目标。

年径流总量控制率达到55%、70%或85%时对应的降雨量（日值）为设计控制雨量。设计控制雨量的确定通过建筑所在区域的降雨量根据统计学的方法获得，得出一定降雨总量控制率对应的设计控制雨量，统计年限不同时，不同控制率下对应的设计控制雨量会有差异。考虑气候变化的趋势和周期性，推荐采用30年，特殊情况除外。

设计时根据年径流总量控制率来确定雨水管理设施规模和最终方案，有条件的地方和地区，可通过相关雨水控制利用模型进行设计；也可采用简单的计算方法，结合项目条件，用设计控制雨量乘以场地综合径流系数、总汇水面积来确定项目雨水设施总规模，在分别计算滞蓄、调蓄和收集回用等措施实现的控制容积，达到设计控制雨量对应的控制规模，即达标。

本条的评价方法为：设计评价查阅地区降雨统计资料、相关设计文件（含总图、景观设计图、室外给排水总平面图等）、设计控制雨量计算书；运行评价查阅当地降雨统计资料、相关竣工图、设计控制雨量计算书、场地年径流总量控制报告，并现场核实。

4.2.15 本条适用于各类民用建筑的设计、运行评价。

绿化是城市环境建设的重要内容。大面积的草坪不但维护费用昂贵，生态效果也不理想，其生态效益也远远小于灌木、乔木。因此，合理搭配乔木、灌木和草坪，以乔木为主，能够提高绿地的空间利用率，增加绿量，使有限的绿地发挥更大的生态效益和景观效益。鼓励各类公共建筑进行屋顶绿化和墙面垂直绿化，既能增加绿化面积，提高绿化在二氧化碳固定方面的作用，又可以改善屋顶和墙壁的保温隔热效果，辅助建筑节能。在绿地中乔木、灌木的种植面积比例一般应控制在70%左右，草坪、地被植物种植面积比例宜控制在30%左右。

黑龙江省属严寒地区，冬季气候条件极为恶劣，为防止气候、土壤条件和气候变化导致植物受害，绿化设计和植物配置应充分体现出植物资源的特点，植物的栽植应能体现地方特色，并可以提升植物的成活率，减少病虫害。乔木是复层绿化不可缺少的植物树种，不但可为居民提供遮阳、游憩的良好条件，还可以改善住区的生态环境。如果采用单一的、大面积的草坪，不但维护费用昂贵，生态效果也不理想，其生态效益也远远小于灌木、乔木。以乔木为主，合理搭配乔木、灌木和草坪，能够提高绿地的空间利用率、增加绿量，使有限的绿地发挥更大的生态效益和景观效益。因此，在景观设计中要避免单一大面积草坪的出现，应增加乔木的数量。严寒地区，冬季漫长寒冷，为防止气候、土壤条件和气候变化导致的植物受害，种植区域的覆土深度应满足乔、灌木植物过冬安全及自然生长的需要，满足所在地相关要求。

种植适合当地气候及土壤条件的乡土植物可以是本地区天然分布的物种，也可以是已引种多年，且在当地一直表现良好的外来物种。应选择寿命较长、病虫害少、无针刺、无落果、无飞絮、无毒、无花粉污染的植物种类。其经过物竞天择后，长期生长在当地，对当地气候、土壤等自然条件较为适应。乡土植物具有较强的适应能力，在绿化设计及种植时，应选择耐候性强、抗逆性强、病虫害少及价格低廉的植物种类。种植乡土植物可提高植物的存活率，其后期管理养护费用也较低。在黑龙江省境内的绿化设计，种植乡土植物比例不应低于70%。

黑龙江省深秋及冬春季，室外环境色彩较为单调，绿化设计时，种植观干的乔灌木，会提升深秋及冬春季室外环境色彩效果，因此，在群落配植时要适量加入这些树种，以保证冬春季的环境景观效果。

为保证种植在地下建、构物屋顶的乔、灌木及草坪的成活及安全生长，乔木种植区土壤深度不宜少于 1 200 mm，灌木种植区域不宜少于 700 mm，草坪种植区不宜少于 400 mm。

本标准在栽植观干的乔灌木赋予 1 分。

本条的评价方法为：设计评价查阅相关设计文件、计算书；运行评价查阅相关竣工图、计算书，并现场核实。

5 节能与能源利用

5.1 控 制 项

5.1.1 本条适用于各类民用建筑的设计、运行评价。

建筑围护结构节能设计达到国家和黑龙江省现行节能设计标准的规定，是保证建筑节能的关键，是实现绿色建筑的基本条件。

建筑围护结构的热工设计和暖通空调设计的优劣对建筑能耗影响很大。建筑能耗与气候有关。根据供暖度日数和空调度冷数划分，黑龙江省主要城市属于严寒地区Ⅰ（A）区和Ⅰ（B）区，5 000<HDD18<8 000。《严寒和寒冷地区居住建筑节能设计标准》JGJ 26—2010 和地方标准《黑龙江省居住建筑节能65%设计标准》DB 23/1270—2008、《公共建筑节能设计标准》GB 50189 和地方标准《公共建筑节能设计标准黑龙江省实施细则》DB 23/1269 中对居住建筑和公共建筑节能作了具体的规定。

严寒地区地面温度对热舒适性影响较大，现行的节能设计标准要求无地下室首层地面保温的范围为室内距外墙内墙面 2 m 以内的地面。地面全部保温，有利于提高底层用户的地面温度，避免分区设置保温层造成的地面开裂问题。

公共建筑的出入口开启面积及出入人流较大，通过出入口侵入的冷风量大，导致消耗能量急剧增加。合理的设计出入口，采取必要的节能措施，可降低能耗，满足节能要求。

本条的评价方法为：设计评价审核相关设计文档（含设计说明、施工图和计算书）；运行评价审核相关竣工图，并现场核实。

5.1.2 本条适用于各类民用建筑的设计、运行评价。

目前，我国城市建筑附近大多有城市热网。当所建设的建筑在城市集中供热范围内时，宜采用城市热网提供的热源；有条件地区，应采用工业余热、废热或可再生能源作为热源。除当地电力充足和供电政策支持、或者建筑所在地无法利用其他形式的能源外，建筑内不应采用电直接加热设备作为供暖空调系统的供暖热源和空气加湿热源。

本条的评价方法为：设计评价审核相关设计文档（含设计说明、施工图和计算书）；运行评价审核相关竣工图，并现场核实。

5.1.3 本条适用于各类民用建筑的设计、运行评价。

采用集中供暖或者集中空调机组向住宅供热（冷）的住宅，用户需要支付供暖、空调费用。《严寒和寒冷地区居住建筑节能设计标准》JGJ 26—2010 和地方标准《黑龙江省居住建筑节能65%设计标准》DB 23/1270 均要求设置热计量设施。

2008 年 8 月国务院颁布的《公共机构节能条例》第十四条规定：公共机构应当实行能源消费计量制度，区分用能种类，用能系统实行能源消费分户、分类、分项计量，并对能源消耗状况进行实时监测，及时发现、纠正用能浪费现象。分类计量包含了煤、电、气和热等的分类计量，由于水在第 6 章中作了具体规定，因此本条不涉及。

《公共建筑节能设计标准》GB 50189—2005 规定，集中供暖系统的划分和布置应能实现分区热量计量；采用集中空气调节系统的公共建筑，宜设置分楼层、分室内区域、分用户或分室的冷、热量计量装置；建筑群的每栋公共建筑及其冷、热源站房，应设置冷、热量计量装置。

《公共建筑节能设计标准黑龙江省实施细则》DB 23/1269—2008 中规定，每栋公共建筑及其冷热源站房必须设置冷热量计量装置。

本条的评价方法为：设计评价审核相关设计文档（含设计说明、施工图和计算书）中有关按户冷热量计量的设施（居住建筑），公共建筑的分类、分项能量计量设施，能量在线监测设施。

运行评价审核相关竣工图、产品说明书、产品检测报告，并现场核对计量设备和能量在线监测设施，各项用能计量记录。

5.1.4 本条适用于各类民用建筑的设计、运行评价。

国家标准《建筑照明设计标准》GB 50034 规定了各类房间或场所的照明功率密度值，分为"现行值"和"目标值"。其中，"现行值"是新建建筑必须满足的最低要求，"目标值"要求更高，是努力的方向。本条将现行值列为绿色建筑必须满足的控制项。

本条的评价方法为：设计评价查阅相关设计文件；运行评价查阅相关竣工图，并现场核实。

5.2 评 分 项

I 建筑与围护结构

5.2.1 本条适用于各类民用建筑的设计、运行评价。

建筑的体形、朝向、楼距、窗墙面积比及楼群的布置都对通风、日照、采光及遮阳有显著影响，因而也间接影响建筑的供暖和空调能耗以及建筑室内环境的舒适性，应给予足够的重视。本条所指优化设计包括体形、朝向、楼距、窗墙面积比等。

建筑物能耗指标满足节能设计标准要求是本条实施的前提，居住建筑的耗热量指标应满足《严寒和寒冷地区居住建筑节能设计标准》JGJ 26—2010 和地方标准《黑龙江省居住建筑节能65%设计标准》DB 23/1270—2008 的规定；公共建筑的节能比例应满足《公共建筑节能设计标准》GB 50189 和地方标准《公共建筑节能设计标准黑龙江省实施细则》DB 23/1269 的规定。如果建筑的体形简单、朝向接近正南正北，楼间距、窗墙面积比也满足标准要求，可视为设计合理，本条直接得 6 分；如果体形等复杂时，应对体形、朝向、楼间距、窗墙面积比等进行综合优化设计。对于公共建筑，如果经过优化设计之后的建筑窗墙面积比低于 0.5，本条直接得 6 分。

本条的评价方法为：设计评价应审核相关设计文档（含设计

说明、施工图和计算书），进行优化设计的尚需查阅优化设计报告；运行评价应审查相关竣工图，并现场核实。

5.2.2 本条适用于各类民用建筑的设计、运行评价。

严寒地区建筑外窗是能耗最大的部位，外窗气密性指标的高低，直接影响建筑节能效果。我省已制定了节能建筑外窗应用的相应规定。由于外窗气密性指标的《建筑外门窗气密、水密、抗风压性能分级及检测方法》GB/T 7106—2008 标准比《建筑外窗气密性能分级及检测方法》GB/T 7107—2002 标准级别划分更细，区间更小。气密性指标为 7、8 级的外窗可进一步减少能耗，且已在实际工程中应用。对绿色建筑，提倡建筑师采用气密性指标更高的外窗。

玻璃幕墙透明部分的可开启面积比例对建筑的通风性能有很大影响，但现行的建筑节能设计标准未对其提出定量指标，而且大量的玻璃幕墙建筑确实存在幕墙可开启部分很小的现象。

玻璃幕墙的开启方式有多种，通风效果各不相同。为简单起见，可将玻璃幕墙活动窗扇的面积认定为可开启面积，而不再计算实际的或当量的可开启面积。

本条的玻璃幕墙系指透明的幕墙，背后有非透明实体墙的纯装饰性玻璃幕墙不在此列。对于高层和超高层建筑，考虑到高处风力过大以及安全方面的原因，仅评价 18 层及以下各层的外窗和玻璃幕墙。

建筑师在大型公共建筑的入口大厅或活动大堂，常用大面积透明屋面的手法来提升室内空间设计效果，但会导致冬季供暖和夏季空调能耗量过大。因此绿色建筑应控制屋顶透明部分的面积比。为提高节能效果，鼓励适当设置可开启扇，在冬季封闭，在适宜季节进行自然通风。透明屋面开启扇面积可计入玻璃幕墙透明部分可开启面积。

本条的评价方法为：设计评价应审核相关设计文档（含设计说明、窗户说明书、施工图和计算书）；运行评价应审查相关竣工图、窗户检测报告，并现场核实。

5.2.3 本条适用于各类民用建筑的设计、运行评价。

围护结构热工性能指标对建筑物的供暖空调的负荷能耗有很大影响，国家和行业的建筑节能设计标准都对围护结构的热工性能提出明确的要求。本条对优于国家和行业节能设计标准规定的围护结构的热工性能指标进行评分。我省经过多年的建筑节能，围护结构节能的潜力有限，为鼓励有关企业降低建筑能耗的经济性，将本项评分分为 3 级。

对于第 1 款，要求在国家和行业有关建筑节能设计标准中外墙、屋顶、外窗、幕墙等围护结构主要部位的传热系数 K 的基础上进一步提升。特别的，不同窗墙面积比情况下，节能标准对于透明围护结构的传热系数要求是不一样的，需要在此基础上具体分析有针对性地改善。具体说，要求围护结构的 K 值比现行有关建筑节能设计标准规定的数值均降低 5%，得 5 分；均降低达到 8%，得 8 分；均降低达到 10%，得 10 分。

供暖空调全年计算负荷降低幅度需要根据模拟计算结果分档评分。计算方法依据地方标准《黑龙江省居住建筑节能 65% 设计标准》DB 23/1270、《公共建筑节能设计标准》GB 50189 及《公共建筑节能设计标准黑龙江省实施细则》DB 23/1269 的规定进行计算。

本条的评价方法为：设计评价应审核相关设计文档（含设计说明、施工图和计算书），材料及构件实验室的检测报告，专项计算分析报告；运行评价应审查相关竣工图、材料及构件实验室的检测报告和现场检测报告，并现场核实。

Ⅱ 供暖、通风与空调

5.2.4 本条适用于各类民用建筑的设计、运行评价。

在建筑所在范围内，无论热源是热电厂或余热供热，应优先选用，得分 6 分。对于没有集中供热的地区，如果采用集中锅炉房供热，根据锅炉效率指标进行评分，所选用锅炉的设计效率满足《严寒和寒冷地区居住建筑节能设计标准》JGJ 26 和地方标准

《黑龙江省居住建筑节能65％设计标准》DB 23/1270 中的有关规定值，得3分；高于节能设计标准要求，得6分。

对锅炉来说，设计评价应评价锅炉的设计效率；运行评价应评价锅炉的运行效率。

采用集中空调系统的居住建筑和公共建筑，空调冷源机组的能效指标考核根据冷源机组的能效指标进行评分。达到《公共建筑节能设计标准》GB 50189—2005 和《公共建筑节能设计标准黑龙江省实施细则》DB 23/1269 中的有关规定值，得3分；比现行节能设计标准的能效指标高，如果达到表5.2.4 的要求，得6分。对于《公共建筑节能设计标准》GB 50189—2005 和《公共建筑节能设计标准黑龙江省实施细则》DB 23/1269 中未予规定的房间空气调节器，居住建筑不予评价；公共建筑采用的房间空气调节器的能效指标满足《房间空气调节器能效限定值及能效等级》GB 12021.3 和《转速可控型房间空气调节器能效限定值及能效等级》GB 21455 等现行有关国家标准中的节能评价值作为本条是否达标的依据。

对于既采用集中供热系统供暖又采用空调设备降温的建筑，对其供暖部分和空调部分分别按本条要求进行评价，得分取两项的平均值。

本条的评价方法为：设计评价审核相关设计文档（含设计说明、施工图和计算书）、产品检测报告；运行评价审核相关竣工图、产品检测报告，并现场核实设备的能效值。

5.2.5 本条适用于各类民用建筑的设计、运行评价。由集中供热系统供暖的单体建筑，直接得4分。

目前的建筑供暖及空调设备的设置有三种。

一种是采用集中供热系统的建筑。此类建筑评价热源的热水循环泵的耗电输热比。

一种是采用集中供热系统进行供暖和采用集中空调的建筑，分别对集中供热系统和空调系统进行评价，得分取两项的平均值。

一种是独立设置冷热源的建筑，需要对循环泵的耗电输热（冷）比和通风空调系统风机的单位风量耗功率进行评价。

本条的评价方法为：设计评价审核相关设计文档（含设计说明、施工图和计算书）、产品检测报告；运行评价审核相关竣工图、产品检测报告，并现场核实设备的能效值。

5.2.6 本条适用于各类民用建筑的设计、运行评价。

本条主要考虑暖通空调系统的节能贡献率。采用建筑供暖、通风空调系统节能率为评价指标。被评建筑的参照系统应为围护结构的热工性能达到5.2.3条要求条件下的供暖、通风与空调系统。供暖、通风和空调系统通过合理选择系统形式，提高设备与系统效率及优化控制策略等措施，使得系统能耗降下来。

对于不同的供暖、通风和空调系统形式，应根据现有国家、行业和地方有关建筑节能设计标准，统一设定参考系统的冷热源能效、输配系统和末端方式，根据供暖、通风与空调系统能耗降低幅度，判断得分。

设计系统和参考系统模拟计算时，包括房间的作息、室内发热量等基本参数的设置应与5.2.3条的第2款一致。

采用集中供热系统的建筑，集中供热系统能耗减低幅度按照式5.2.6-1计算。

$$D_e = \frac{\eta_1 \cdot \eta_2 - \eta_{1b} \cdot \eta_{2b}}{\eta_{1b} \cdot \eta_{2b}} \times 100\% \qquad （5.2.6-1）$$

式中　D_e——集中供热系统能耗减低幅度，%；

　　　η_1、η_2——分别为效率提高后的室外管网输送效率和锅炉运行效率，%；

　　　η_{1b}、η_{2b}——分别为标准规定的室外管网输送效率和锅炉运行效率，%。

在《严寒和寒冷地区居住建筑节能设计标准》JGJ 26和地方标准《黑龙江省居住建筑节能65%设计标准》DB 23/1270中规定 $\eta_{1b} = 92\%$，$\eta_{2b} = 70\%$，这表明 $\eta_{1b} * \eta_{2b} = 0.644$；如果 D_e 为10%，则要求 $\eta_1 * \eta_2 = 0.708\ 4$；已经没有节能空间，因此要求

$\eta_{2b}=77\%$。如果取锅炉运行效率比设计效率低 5%，则要求所选择的锅炉的设计效率应高于 82%。大容量的燃煤锅炉设计效率目前也就达到这个水平。因此本评分规则中，将集中供暖系统能耗减低幅度上限确定为 10%。

本条的评价方法为：设计评价审核相关设计文档（含设计说明、施工图和计算书）、设备的检测报告、专项计算分析报告；运行评价审核相关竣工图、设备的检测报告，并现场核实设备的能效值。

5.2.7 本条适用于各类民用建筑的设计、运行评价。

供暖系统的按需供热情况根据热源（热力站）判断。实现了根据室外气象条件及热用户的用热需求，自动调节热源（热力站）的供热量，则认为该项合格。

通风和空调系统的按需供热情况根据冷源判断。判断通风空调系统是否考虑了全年的运行模式。如果考虑了过渡季降低通风与空调系统能耗的节能运行模式，则认为该项合格。

本条的评价方法为：设计评价审核相关设计文档（含设计说明、施工图和计算书）、设备的说明书；运行评价审核相关竣工图、设备的检测报告，并现场核实。

5.2.8 本条适用于各类民用建筑的设计、运行评价。

本条第 1 款主要针对建筑物内仅采用集中供热系统的建筑。本条第 2 款主要针对独立设置冷热源的建筑。第 3 款主要针对采用集中供热系统供暖和集中空调系统的建筑。

《公共建筑节能设计标准》GB 50189—2005 规定，公共建筑设计集中供暖系统时，管路宜按南、北向分环供热原则进行布置，并分别设置室温调控装置；集中供暖系统的划分和布置应能实现分区热量计量；采用集中空气调节系统的公共建筑，宜设置分楼层、分室内区域、分用户或分室的冷、热量计量装置；建筑群的每栋公共建筑及其冷、热源站房，应设置冷、热量计量装置。

本条的评价方法为：设计评价审核相关设计文档（含设计说

明、施工图和计算书）、设备的说明书；运行评价审核相关竣工图、设备的检测报告，并现场核实。

Ⅲ　照明与电气

5.2.9　本条适用于各类民用建筑的设计、运行评价。对于住宅建筑，仅评价其公共部分。

在建筑的实际运行过程中，照明系统的分区控制、定时控制、自动感应开关、照度调节等措施对降低照明能耗作用很明显。

照明系统分区需满足自然光利用、功能和作息差异的要求。公共活动区域（门厅、大堂、走廊、楼梯间、地下车库等）以及大空间应采取定时、感应等节能控制措施，自动感应控制开关等应符合现行国家标准《建筑设计防火规范》GB 50016 的规定。

本条的评价方法为：设计评价查阅相关设计文件；运行评价查阅相关竣工图，并现场核实。

5.2.10　本条适用于各类民用建筑的设计、运行评价。对住宅建筑，仅评价其公共部分，并按第 2 款进行评价。

国家标准《建筑照明设计标准》GB 50034 规定了各类房间或场所的照明功率密度值，分为"现行值"和"目标值"，其中"现行值"是新建建筑必须满足的最低要求，"目标值"要求更高，是努力的方向。

本条的评价方法为：设计评价查阅相关设计文件；运行评价查阅相关竣工图，并现场核实。

5.2.11　本条适用于各类民用建筑的设计、运行评价。对于仅设有一台电梯的建筑，本条中的节能控制措施不参评。对于不设电梯的建筑，本条不参评。

电梯等动力用电也形成了一定比例的能耗，而目前也出现了包括变频调速拖动、能量再生回馈等在内的多种节能技术措施。因此设定本条作为评分项。

本条的评价方法为：设计评价查阅相关设计文件、人流平衡计算分析报告；运行评价查阅相关竣工图，并现场核实。

5.2.12 本条适用于各类民用建筑的设计、运行评价。

2010 年，国家发改委发布《电力需求侧管理办法》（发改运行〔2010〕2643 号）。虽然其实施主体是电网企业，但也需要建筑业主、用户等方面的积极参与。对照其中要求，本标准其他条文已对高效用电设备，以及变频、热泵、蓄冷蓄热等技术予以鼓励，本条要求所用配电变压器满足现行国家标准《三相配电变压器能效限定值及节能评价值》GB 20052 规定的节能评价值；水泵、风机（及其电机）等功率较大的用电设备满足相应的能效限定值及能源效率等级国家标准所规定的节能评价值。

本条的评价方法为：设计评价查阅相关设计文件；运行评价查阅相关竣工图、主要产品型式检验报告，并现场核实。

Ⅳ 能量综合利用

5.2.13 本条适用于各类民用建筑的设计、运行评价。

1 本条适用于设有通风或空调系统、具备排风热回收条件的各类民用建筑。

2 无独立新风系统、新风与排风的温度差不超过 15 ℃、或其他设置排风热回收系统（装置）技术经济不合理的，本条不参评。

3 参评建筑的排风能量回收应满足下列两项之一：

  1） 采用集中空调系统的建筑，利用排风对新风进行预热（预冷）处理，降低新风负荷，且排风热回收装置（全热和显热）的额定热回收效率不低于 60%；

  2） 采用带热回收的新风与排风双向换气装置，且双向换气装置的额定热回收效率不低于 55%。

本条的评价方法：设计评价查阅相关设计文件；运行评价查阅相关竣工图、主要设备的型式检验报告，并现场核实。

5.2.14 本条适用于各类民用建筑的设计、运行评价。

1 适用于集中供暖或集中空调的各类民用建筑；

2 如若当地峰谷电价差低于 2.5 倍或没有峰谷电价的，本条不参评；

3 蓄冷蓄热技术虽然从能源转换和利用本身来讲并不节约，但是其对于昼夜电力峰谷差异的调节具有积极的作用，能够满足城市能源结构调整和环境保护的要求，为此，宜根据当地能源政策、峰谷电价、能源紧缺状况和设备系统特点等进行选择。参评建筑的蓄冷蓄热系统满足下列两项之一即可：

1）用于蓄冷的电驱动蓄能设备提供的设计日的冷量达到30%；电加热装置的蓄能设备能保证高峰时段不消耗电力；

2）应最大限度地利用谷电，谷电时段蓄冷设备全负荷运行的 80% 应能全部蓄存并充分利用。

本条的评价方法：设计评价查阅相关设计文件；运行评价查阅相关竣工图、主要设备的型式检验报告，并现场核实。

5.2.15 本条适用于各类民用建筑的设计、运行评价。

1 适用于建筑周边有余热废热源、且建筑内有稳定热需求的各类民用建筑；

2 一般情况下的具体指标规定为，余热或废热提供的能量分别不少于建筑所需蒸汽设计日总量的 40%、供暖设计日总量的30%、生活热水设计日总量的 60%；

3 旅馆、餐饮、医院、洗浴生活热水耗量大且稳定的场所，用能能耗在整个建筑总能耗中占有较大的比例。采用冷凝热回收型冷水机组、利用燃气锅炉烟气的冷凝热、采用热泵、空调余热、其他废热等节能方式供应生活热水，或对补水进行预热，可减少生活热水加热能耗；

4 在没有余热或废热可用时，对于蒸汽洗衣、消毒、炊事等应采用其他替代方法（例如紫外线消毒等）；

5 在靠近热电厂、高能耗工厂等余热、废热丰富的地域，如果设计方案中很好地实现了回收排水中的热量，以及利用如空调凝结水或其他余热废热作为预热，可降低能源的消耗，同样也能够提高生活热水系统的用能效率。

本条的评价方法：设计评价查阅相关设计文件；运行评价查阅相关竣工图、主要设备的型式检验报告，并现场核实。

5.2.16 本条适用于各类民用建筑的设计、运行评价。

1 适用于各类民用建筑；

2 根据计算得到的各种可再生能源全年预期可提供的能量与项目建筑物全年所需的总能源量的比例，即可再生能源替代率 i 来评分。由于不同种类可再生能源的度量方法、品位和价格都不同，所以需要分项进行衡量。

建筑总电功率的可再生能源替代比例：

$$\phi_1 = \frac{W_{\text{Erenew}}}{\sum_i W_{\text{E}i}}$$

建筑供暖与生活热水热量的可再生能源替代比例：

$$\phi_2 = \frac{Q_{\text{Hrenew}} - E_{\text{used2}} COP_{\text{H}}}{Q_{\text{H}} + Q_{\text{HW}}}$$

对于住宅建筑，供暖和生活热水是分别计算的，替代比例分别为 $\phi_2 - 1$ 和 $\phi_2 - 2$。

建筑供冷量的可再生能源替代比例：

$$\phi_3 = \frac{Q_{\text{Crenew}} - E_{\text{used3}} COP_{\text{C}}}{Q_{\text{C}}}$$

建筑所需其他较高温热量的可再生能源替代比例：

$$\phi_4 = \frac{Q'_{\text{Hrenew}} - E_{\text{used4}} COP'_{\text{H}}}{Q'_{\text{H}}}$$

其中：

W_{Erenew}——可再生能源能够提供的电功率最大容量（kW）；

$W_{\text{E}i}$——某类建筑设备需要消耗电功率的最大容量（kW），包括照明、给排水、办公设备等，但不包括空调、供暖与加热生活热水的电耗；

Q_{Hrenew}——可再生能源能够提供的建筑供暖和生活热水热量（GJ）；

Q_{Crenew}——可再生能源能够提供的建筑供冷量（GJ）；

Q'_{Hrenew}——可再生能源能够提供的可供干燥、炊事等较高温用途的热量（GJ）；

Q_H——建筑物供暖需要的耗热量（GJ）；

Q_C——建筑物空调需要的耗冷量（GJ）；

Q_{HW}——加热生活热水所需要的总热量（GJ）；

Q'_H——建筑物所需干燥、炊事等较高温用途的耗热量（GJ）；

E_{usedi}——为获取某种可再生能源而需要消耗的电量（GJ），其中下标为 2、3、4。消耗的电量只包括取这些冷、热量的消耗，不包括在建筑物内分配这些冷、热量需要消耗的电量。比如用地道风降温，E_{used3} 只包括克服地道阻力部分的风机电耗，不包括把冷风分配到各房间所需的风机电耗。

COP_H——普通热水热泵的制热能效比，$COP_H=5.5$；

COP_C——普通冷水机组的制冷能效比，$COP_H=4.5$；

COP'_H——普通高温热泵的制热能效比，$COP_H=2.0$。

其中，居住建筑的可再生能源替代率只针对项目的公共部分，不包括租赁或出售部分。

本条的评价方法：设计评价查阅相关设计文件、计算分析报告；查阅相关竣工图、主要设备的型式检验报告，并现场核实。

6 节水与水资源利用

6.1 控 制 项

6.1.1 本条适用于各类民用建筑的设计、运行评价。

在进行绿色建筑设计前，应充分了解项目所在区域的市政给排水条件、水资源状况、气候特点等实际情况，通过全面的分析研究，制定水资源利用方案，提高水资源循环利用率，减少市政供水量和污水排放量。

水资源利用方案包含下列内容：

1 当地政府规定的节水要求、地区水资源状况、气象资料、地质条件及市政设施情况等；

2 项目概况。当项目包含多种建筑类型，如住宅、办公建筑、旅馆、商店、会展建筑等时，可统筹考虑项目内水资源的综合利用；

3 确定节水用水定额，编制水量计算表及水量平衡表；

4 给排水系统设计方案介绍；

5 采用的节水器具、设备和系统的相关说明；

6 非传统水源利用方案。对雨水、再生水及海水等水资源利用的技术经济可行性进行分析和研究，进行水量平衡计算，确定雨水、再生水及海水等水资源的利用方法、规模、处理工艺流程等；

7 景观水体补水严禁采用市政供水和自备地下水井供水，可以采用地表水和非传统水源；取用建筑场地外的地表水时，应事先取得当地政府主管部门的许可；采用雨水和建筑中水作为水源时，水景规模应根据设计可收集利用的雨水或建筑中水量确定。

本条的评价方法为：设计评价查阅水资源利用方案，核查其在相关设计文件（含设计说明、施工图、计算书）中的落实情况；运行评价查阅水资源利用方案、相关竣工图、产品说明书，查阅运行数据报告，并现场核实。达到节水用水定额上限值的要求，得3分。

6.1.2 本条适用于各类民用建筑的设计、运行评价。

合理、完善、安全的给排水系统应符合下列要求：

1 给排水系统的规划设计应符合相关标准的规定，如《建筑给水排水设计规范》GB 50015、《城镇给水排水技术规范》GB 50788、《民用建筑节水设计标准》GB 50555、《建筑中水设计规范》GB 50336 等。

2 给水水压稳定、可靠，各给水系统应保证以足够的水量和水压向所有用户不间断地供应符合要求的水。供水充分利用市政压力，加压系统选用节能高效的设备；给水系统分区合理，每区供水压力不宜大于 0.45 MPa（不应大于 0.50 MPa）；合理采取减压限流的节水措施。

3 根据用水要求的不同，给水水质应达到国家、行业或地方标准的要求。使用非传统水源时，采取用水安全保障措施，且不得对人体健康与周围环境产生不良影响。

4 管材、管道附件及设备等供水设施的选取和运行不应对供水造成二次污染。各类不同水质要求的给水管线应有明显的管道标识。有直饮水供应时，应采用独立的循环管网供水，并设置水量、水压、水质、设备故障等安全报警装置。使用非传统水源时，应保证非传统水源的使用安全，设置防止误接、误用、误饮的措施。

5 设置完善的污水收集、处理和排放等设施。技术经济分析合理时，可考虑污、废水的回收再利用，自行设置完善的污水收集和处理设施。污水处理率和达标排放率必须达到100%。

6 为避免室内重要物资和设备受潮引起的损失，应采取有效措施避免管道、阀门和设备的漏水、渗水或结露。

7 热水供应系统热水用水量较小且用水点分散时，宜采用局部热水供应系统；热水用水量较大、用水点比较集中时，应采用集中热水供应系统，并应设置完善的热水循环系统。设置集中生活热水系统时，应确保冷热水系统压力平衡，或设置混水器、恒温阀、压差控制装置等。

8 应根据当地气候、地形、地貌等特点合理规划雨水入渗、排放或利用，保证排水渠道畅通，减少雨水受污染的概率，且合理利用雨水资源。

本条的评价方法为：设计评价查阅相关设计文件；运行评价查阅相关竣工图、产品说明书、水质检测报告、运行数据报告等，并现场核实。

6.1.3 本条适用于各类民用建筑的设计、运行评价。

本着"节流为先"的原则，用水器具应选用中华人民共和国国家经济贸易委员会 2001 年第 5 号公告和 2003 年第 12 号公告《当前国家鼓励发展的节水设备（产品）》目录中公布的设备、器材和器具。根据用水场合的不同，合理选用节水水龙头、节水便器、节水淋浴装置等。所有生活用水器具应满足现行标准《节水型生活用水器具》CJ/T 164 及《节水型产品通用技术条件》GB/T 18870的要求。

除特殊功能需求外，均应采用节水型用水器具。对土建工程与装修工程一体化设计项目，在施工图中应对节水器具的选用提出要求；对非一体化设计项目，申报方应提供确保业主采用节水器具的措施、方案或约定。

可选用以下节水器具：

1 节水龙头：加气节水龙头、陶瓷阀芯水龙头、停水自动关闭水龙头等；

2 坐便器：压力流防臭、压力流冲击式 6L 直排便器、3L /6L 两挡节水型虹吸式排水坐便器、6L 以下直排式节水型坐便器或感应式节水型坐便器，缺水地区可选用带洗手水龙头的水箱坐便器；

3 节水淋浴器：水温调节器、节水型淋浴喷嘴等；

4 营业性公共浴室淋浴器采用恒温混合阀、脚踏开关等。

本条的评价方法为：设计评价查阅相关设计文件、产品说明书等；运行评价查阅设计说明、相关竣工图、产品说明书或产品节水性能检测报告等，并现场核实。

6.2 评 分 项

Ⅰ 节 水 系 统

6.2.1 本条适用于各类民用建筑的运行评价。

计算平均日用水量时，应实事求是地确定用水的使用人数、用水面积等。使用人数在项目使用初期可能不会达到设计人数，如住宅的入住率可能不会很快达到100%，因此对与用水人数相关的用水，如饮用、盥洗、冲厕、餐饮等，应根据用水人数来计算平均日用水量；对使用人数相对固定的建筑，如办公建筑等，按实际人数计算；对浴室、商店、餐厅等流动人口较大且数量无法明确的场所，可按设计人数计算。

对与用水人数无关的用水，如绿化灌溉、地面冲洗、水景补水等，则根据实际水表计量情况进行考核。

根据实际运行一年的水表计量数据和使用人数、用水面积等计算平均日用水量，与节水用水定额进行比较来判定。

本条的评价方法为：运行评价查阅实测用水量计量报告和建筑平均日用水量计算书。设计注明平均日用水量。

6.2.2 本条适用于各类民用建筑的设计、运行评价。运行阶段评价、设计阶段评价达到节水定额得3分不累计。

管网漏失水量包括：阀门故障漏水量，室内卫生器具漏水量，水池、水箱溢流漏水量，设备漏水量和管网漏水量。为避免漏损，可采取以下措施：

1 给水系统中使用的管材、管件，应符合现行产品标准的要求；

2 选用性能高的阀门、零泄漏阀门等;

3 合理设计供水压力，避免供水压力持续高压或压力骤变;

4 做好室外管道基础处理和覆土，控制管道埋深，加强管道工程施工监督，把好施工质量关;

5 水池、水箱溢流报警和进水阀门自动联动关闭;

6 设计阶段：根据水平衡测试的要求安装分级计量水表，分级计量水表安装率达100%。具体要求为下级水表的设置应覆盖上一级水表的所有出流量，不得出现无计量支路;

7 运行阶段：物业管理机构应按水平衡测试的要求进行运行管理。申报方应提供用水量计量和漏损检测情况报告，也可委托第三方进行水平衡测试。报告包括分级水表设置示意图、用水计量实测记录、管道漏损率计算和原因分析。申报方还应提供整改措施的落实情况报告。

本条的审查方法为：设计评价查阅相关设计文件（含分级水表设置示意图）；运行评价查阅设计说明、相关竣工图（含分级水表设置示意图）、用水量计量和漏损检测及整改情况的报告，并现场核实。

6.2.3 本条适用于各类民用建筑的设计、运行评价。

用水器具给水额定流量是为满足使用要求，用水器具给水配件出口在单位时间内流出的规定出水量。流出水头是保证给水配件流出额定流量在阀前所需的水压。给水配件阀前压力大于流出水头，给水配件在单位时间内的出水量超过额定流量的现象，称超压出流现象，该流量与额定流量的差值，为超压出流量。给水配件超压出流，不但会破坏给水系统中水量的正常分配，对用水工况产生不良的影响，同时因超压出流量未产生使用效益，为无效用水量，即浪费的水量。因它在使用过程中流失，不易被人们察觉和认识，属于"隐形"水量浪费，应引起足够的重视。给水系统设计时应采取措施控制超压出流现象，应合理进行压力分区，并适当地采取减压措施，避免造成浪费。

当选用了恒定出流的用水器具时，该部分管线的工作压力满足相关设计规范的要求即可。当建筑因功能需要，选用特殊水压要求的用水器具时，如大流量淋浴喷头，可根据产品要求采用适当的工作压力，但应选用用水效率高的产品，并在说明中作相应描述。在上述情况下，如其他常规用水器具均能满足本条要求，可以评判其达标。

本条的评价方法为：设计评价查阅相关设计文件（含各层用水点用水压力计算表）；运行评价查阅设计说明、相关竣工图、产品说明书，并现场核实。

6.2.4 本条适用于各类民用建筑的设计、运行评价。

按使用用途、付费或管理单元情况，对不同用户的用水分别设置用水计量装置，统计用水量，并据此施行计量收费，以实现"用者付费"，达到鼓励行为节水的目的，同时还可统计各种用途的用水量和分析渗漏水量，达到持续改进的目的。各管理单元通常是分别付费，或即使是不分别付费，也可以根据用水计量情况，对不同管理单元进行节水绩效考核，促进行为节水。对公共建筑中有可能实施用者付费的场所，应设置用者付费的设施，实现行为节水（住宅卫生间、厨房按同一用水单元计）。

本条的评价方法为：设计评价查阅相关设计文件（含水表设置示意图）；运行评价查阅设计说明、相关竣工图（含水表设置示意图）、各类用水的计量记录及统计报告，并现场核查。

6.2.5 本条适用于设有公用浴室的建筑的设计、运行评价。公共建筑无公用浴室时本条不参评。

通过"用者付费"，鼓励行为节水。本条中"公用浴室"既包括学校、医院、体育场馆等建筑设置的公用浴室，也包含住宅、办公楼、旅馆、商店等为物业管理人员、餐饮服务人员和其他工作人员设置的公用浴室。

本条的评价方法为：设计评价查阅相关设计文件（含相关节水产品的设备材料表）；运行评价查阅设计说明（含相关节水产品的设备材料表）、相关竣工图、产品说明书或产品检测报告，并现场核实。

II　节水器具与设备

6.2.6　本条适用于各类民用建筑的设计、运行评价。

卫生器具除按第6.1.3条要求选用节水器具外，绿色建筑还鼓励选用更高节水性能的节水器具。目前我国已对部分用水器具的用水效率制定了相关标准，如：《水嘴用水效率限定值及用水效率等级》GB 25501—2010、《坐便器用水效率限定值及用水效率等级》GB 25502—2010、《小便器用水效率限定值及用水效率等级》GB 28377—2012、《淋浴器用水效率限定值及用水效率等级》GB 28378—2012 和《便器冲洗阀用水效率限定值及用水效率等级》GB 28379—2012，今后还将陆续出台其他用水器具的标准。

表6.2.6　卫生器具用水效率等级指标

	水嘴 L/s	坐便器 L/次		便器冲洗阀 L/次		淋浴器 L/s	小便器 L/次
		单档	双档	大便器	小便器		
一级	0.100	4	4.5/3	4	2	0.08	2
二级	0.125	5	5/3.5	5	3	0.12	3
三级	0.150	6.5	6.5/4.2	6	4	0.15	4
四级	—	7.5	7.5/4.9	7	—	—	—
五级	—	9	9/6.3	8	—	—	—

（水嘴在0.1±0.01 MPa条件下）在设计文件中要注明对卫生器具的节水要求和相应的参数或标准。当存在不同用水效率等级的卫生器具时，按满足最低等级的要求得分。

卫生器具有用水效率相关标准的应全部采用，方可认定达标。今后当其他用水器具出台了相应标准时，按同样的原则进行要求。

对土建装修一体化设计的项目，在施工图设计中应对节水器具的选用提出要求；对非一体化设计的项目，申报方应提供确保业主采用节水器具的措施、方案或约定。

本条的评价方法为：设计评价查阅相关设计文件、产品说明书（含相关节水器具的性能参数要求）；运行评价查阅相关竣工图纸、设计说明、产品说明书或产品节水性能检测报告，并现场核实。

6.2.7 本条适用于各类民用建筑的设计、运行评价。

绿化灌溉应采用喷灌、微灌、渗灌、低压管灌等节水灌溉方式，同时还可采用湿度传感器或根据气候变化的调节控制器。可参照《园林绿地灌溉工程技术规程》CECS 243 中的相关条款进行设计施工。

目前普遍采用的绿化节水灌溉方式是喷灌，其比地面漫灌要省水 30%～50%。采用再生水灌溉时，因水中微生物在空气中极易传播，应避免采用喷灌方式。

微灌包括滴灌、微喷灌、涌流灌和地下渗灌，比地面漫灌省水 50%～70%，比喷灌省水 15%～20%。其中微喷灌射程较近，一般在 5 m 以内，喷水量为 200～400 L/h。

无须永久灌溉植物是指适应当地气候，仅依靠自然降雨即可维持良好的生长状态的植物，或在干旱时体内水分丧失，全株呈风干状态而不死亡的植物。无须永久灌溉植物仅在生根时需进行人工灌溉，因而不需设置永久的灌溉系统，但临时灌溉系统应在安装后一年之内移走。

当 90% 以上的绿化面积采用了高效节水灌溉方式或节水控制措施时，方可判定本条得 7 分；当 50% 以上的绿化面积采用了无须永久灌溉植物，且其余部分绿化采用了节水灌溉方式时，方可判定本条得 10 分。当选用无须永久灌溉植物时，设计文件中应提供植物配置表，并说明是否属无须永久灌溉植物，申报方应提供当地植物名录，说明所选植物的耐旱性能。

本条的评价方法为：设计评价查阅相关设计图纸、设计说明（含相关节水灌溉产品的设备材料表）、景观设计图纸（含苗木表、当地植物名录等）、节水灌溉产品说明书；运行评价查阅相关竣工图纸、设计说明、节水灌溉产品说明书，并进行现场核查，现场核查包括实地检查节水灌溉设施的使用情况、查阅绿化灌溉用水制度和计量报告。

6.2.8 本条适用于各类民用建筑的设计、运行评价。不设置空调设备或系统的项目，本条得10分。第2款仅适用于运行评价。

公共建筑集中空调系统的冷却水补水量很大，甚至可能占据建筑物用水量的30%～50%，减少冷却水系统不必要的耗水对整个建筑物的节水意义重大。

1 开式循环冷却水系统或闭式冷却塔的喷淋水系统受气候、环境的影响，冷却水水质比闭式系统差，改善冷却水系统水质可以保护制冷机组和提高换热效率。应设置水处理装置和化学加药装置改善水质，减少排污耗水量；

开式冷却塔或闭式冷却塔的喷淋水系统设计不当时，高于集水盘的冷却水管道中部分水量在停泵时有可能溢流排掉。为减少上述水量损失，设计时可采取加大集水盘、设置平衡管或平衡水箱等方式，相对加大冷却塔集水盘浮球阀至溢流口段的容积，避免停泵时的泄水和启泵时的补水浪费；

2 开式冷却水系统或闭式冷却塔的喷淋水系统的实际补水量大于蒸发耗水量的部分，主要由冷却塔飘水、排污和溢水等因素造成，蒸发耗水量所占的比例越高，不必要的耗水量越低，系统也就越节水；

本条文第2款从冷却补水节水角度出发，对于减少开式冷却塔和设有喷淋水系统的闭式冷却塔的不必要耗水，提出了定量要求，本款需要满足公式方可得分。

$$\frac{Q_e}{Q_b} \geqslant 80\% \tag{1}$$

式中 Q_e—— 冷却塔年排出冷凝热所需的理论蒸发耗水量，kg；

Q_b—— 冷却塔实际年冷却水补水量（系统蒸发耗水量、系统排污量、飘水量等其他耗水量之和），kg。

排出冷凝热所需的理论蒸发耗水量可按公式（2）计算：

$$Q_e = \frac{H}{r_0} \qquad (2)$$

式中 Q_e—— 冷却塔年排出冷凝热所需的理论蒸发耗水量，kg；

H—— 冷却塔年冷凝排热量，kJ；

r_0—— 水的汽化热，kJ/kg。

集中空调制冷及其自控系统设备的设计和生产应提供条件，满足能够记录、统计空调系统的冷凝排热量的要求，在设计与招标阶段，对空调系统/冷水机组应有安装冷凝热计量设备的设计与招标要求；运行评价可以通过楼宇控制系统实测、记录并统计空调系统/冷水机组全年的冷凝热，据此计算出排出冷凝热所需要的理论蒸发耗水量；

3 本款所指的"无蒸发耗水量的冷却技术"包括采用分体空调、风冷式冷水机组、风冷式多联机、地源热泵、干式运行的闭式冷却塔等。风冷空调系统的冷凝排热以显热方式排到大气，并不直接耗费水资源，采用风冷方式替代水冷方式可以节省水资源消耗。但由于风冷方式制冷机组的 COP 通常较水冷方式的制冷机组低，所以需要综合评价工程所在地的水资源和电力资源情况，有条件时宜优先考虑风冷方式排出空调冷凝热。

本条的评价方法为：设计评价查阅相关设计文件、计算书、产品说明书；运行评价查阅相关竣工图纸、设计说明、产品说明，查阅冷却水系统的运行数据、蒸发量、冷却水补水量的用水计量报告和计算书，并现场核实。

6.2.9 本条适用于各类民用建筑的设计、运行评价。

除卫生器具、绿化灌溉和冷却塔以外的其他用水也应采用节水技术和措施，如车库和道路冲洗用的节水高压水枪、节水型专业洗衣机、循环用水洗车台，给水深度处理采用自用水量较少的处理设备和措施，集中空调加湿系统采用用水效率高的设备和措施。按采用了节水技术和措施的用水量占其他用水总用水量的比例进行评分。

本条的评价方法为：设计评价查阅相关设计文件、计算书、产品说明书；运行评价查阅相关竣工图纸、设计说明、产品说明，查阅水表计量报告，并现场核查，包括实地检查设备的运行情况。

Ⅲ 非传统水源利用

6.2.10 本条适用于各类民用建筑的设计、运行评价。住宅、办公、商店、旅馆类建筑参评第 1 款，除养老院、幼儿园、医院之外的其他建筑参评第 2 款。养老院、幼儿园、医院类建筑本条不参评。项目周边无市政再生水利用条件，且建筑可回用水量小于 100 m^3/d 时，本条不参评。

根据《民用建筑节水设计标准》GB 50555 的规定，"建筑可回用水量"指建筑的优质杂排水和杂排水水量，优质杂排水指杂排水中污染程度较低的排水，如沐浴排水、盥洗排水、洗衣排水、空调冷凝水、游泳池排水等；杂排水指民用建筑中除粪便污水外的各种排水，除优质杂排水外还包括冷却排污水、游泳池排污水、厨房排水等。当一个项目中仅部分建筑申报时，"建筑可回用水量"应按整个项目计算。

评分时，既可根据表中的非传统水源利用率来评分，也可根据表中的非传统水源利用措施来评分；按措施评分时，非传统水源利用应具有较好的经济效益和生态效益。

计算设计年用水总量应由平均日用水量计算得出，取值详见《民用建筑节水设计标准》GB 50555。运行阶段的实际用水量应通过统计全年水表计量的情况计算得出。由于我国各地区气候和资源情况差异较大，有些建筑并没有冷却水补水和室外景观水体补水的需求，为了避免这些差异对评价公平性的影响，本条在规定非传统水源利用率的要求时，扣除了冷却水补水量和室外景观水体补水量。在本标准的第 6.2.11 条和第 6.2.12 条中对冷却水补水量和室外景观水体补水量提出了非传统水源利用的要求。

包含住宅、旅馆、办公、商店等不同功能区域的综合性建筑，各功能区域按相应建筑类型参评。评价时可按各自用水量的权重，采用加权法计算非传统水源利用率的要求。

本条中的非传统水源利用措施主要指生活杂用水，包括用于绿化浇灌、道路冲洗、洗车、冲厕等的非饮用水，但不含冷却水补水和水景补水。

第2款中的"非传统水源的用水量占其总用水量的比例"指采用非传统水源的用水量占相应的生活杂用水总用水量的比例。

本条的评价方法为：设计评价查阅相关设计文件、当地相关主管部门的许可、非传统水源利用计算书；运行评价查阅相关竣工图纸、设计说明，查阅用水计量记录、计算书及统计报告、非传统水源水质检测报告，并现场核实。

6.2.11 本条适用于各类民用建筑的设计、运行评价。没有冷却水补水系统的建筑，本条得8分。

使用非传统水源替代自来水作为冷却水补水水源时，其水质指标应满足《采暖空调系统水质》GB/T 29044中规定的空调冷却水的水质要求。

全年来看，冷却水用水时段与我国大多数地区的降雨高峰时段基本一致，因此收集雨水处理后用于冷却水补水，从水量平衡上容易达到吻合。雨水的水质要优于生活污废水，处理成本较低，管理相对简单，具有较好的成本效益，值得推广。

条文中冷却水的补水量以年补水量计，设计阶段冷却塔的年补水量可按照《民用建筑节水设计标准》GB 50555执行。

本条的评价方法为：设计评价查阅相关设计文件、冷却水补水量及非传统水源利用的水量平衡计算书；运行评价查阅相关竣工图纸、设计说明、计算书，查阅用水计量记录、计算书及统计报告、非传统水源水质检测报告，并现场核实。

6.2.12 本条适用于各类民用建筑的设计、运行评价。不设景观水体的项目，本条直接得7分。景观水体的补水没有利用雨水或雨水利用量不满足要求时，本条不得分。

《民用建筑节水设计标准》GB 50555—2010 中强制性条文第4.1.5条规定"景观用水水源不得采用市政自来水和地下井水"，全文强制的《住宅建筑规范》GB 50368—2005 第4.4.3条规定"人工景观水体的补充水严禁使用自来水。"因此设有水景的项目，水体的补水只能使用非传统水源，或在取得当地相关主管部门的许可后，利用临近的河、湖水。有景观水体，但利用临近的河、湖水进行补水的，本条不得分。自然界水体（河、湖、塘等）大都是由雨水汇集而成，结合场地的地形地貌汇集雨水，用于景观水体的补水，是节水和保护、修复水生态环境的最佳选择，因此设置本条的目的是鼓励将雨水控制利用和景观水体设计有机地结合起来。景观水体的补水应充分利用场地的雨水资源，不足时再考虑其他非传统水源的使用。

缺水地区和降雨量少的地区应谨慎考虑设置景观水体，景观水体的设计应通过技术经济可行性论证确定规模和具体形式。设计阶段应做好景观水体补水量和水体蒸发量逐月的水量平衡，确保满足本条的定量要求。

本条要求利用雨水提供的补水量大于水体蒸发量的60%，亦即采用除雨水外的其他水源对景观水体补水的量不得大于水体蒸发量的40%，设计时应做好景观水体补水量和水体蒸发量的水量平衡，在雨季和旱季降雨水差异较大时，可以通过水位或水面面积的变化来调节补水量的富余和不足，也可设计旱溪或干塘等来适应降雨量的季节性变化。景观水体的补水管应单独设置水表，不得与绿化用水、道路冲洗用水合用水表。

景观水体的水质应符合国家标准《城市污水再生利用景观环境用水水质》GB/T 18921—2002 的要求。景观水体的水质保障应采用生态水处理技术，合理控制雨水面源污染，确保水质安全。本标准第4.2.13条也对控制雨水面源污染的相关措施提出了要求。

本条的评价方法为：设计评价查阅相关设计文件（含景观设计图纸）、水量平衡计算书；运行评价查阅相关竣工图纸、设计说明、计算书，查阅景观水体补水的用水计量记录及统计报告、景观水体水质检测报告，并现场核实。

7 节材与材料资源利用

7.1 控 制 项

7.1.1 一些建筑材料及制品在使用过程中不断暴露出问题，已被证明不适宜在建筑工程中应用，或者不适宜在某些地区的建筑中使用。绿色建筑中不应采用国家和我省有关主管部门向社会公布禁止和限制使用的建筑材料及制品。

本条的评价方法为：设计评价对照国家和我省建设主管部门向社会公布的限制、禁止使用的建材及制品目录，查阅设计文件，对设计选用的建筑材料进行核查；运行评价对照国家和当地有关主管部门向社会公布的限制、禁止使用的建材及制品目录，查阅工程材料决算材料清单，对实际采用的建筑材料进行核查。

7.1.2 本条适用于混凝土结构的各类民用建筑的设计、运行阶段评价。

本条为适应于黑龙江省冬期施工时对保证混凝土强度增长和长期耐久性的特殊考虑，既应考虑到建筑工程质量的安全，也应考虑到使用环境对耐久性的影响。冬期施工用混凝土应符合相关标准的规定。

本条的评价方法为：设计评价查阅设计文件，对设计说明给出的冬期施工用混凝土强度与耐久性能参数进行核查；运行评价查阅竣工图纸及混凝土验收文件，对实际选用的混凝土进行核查。

7.1.3 本条适用于混凝土结构的各类民用建筑的设计、运行阶段评价。

抗拉屈服强度达到 400 MPa 级及以上的热轧带肋钢筋，具有强度高、综合性能优的特点，用高强钢筋替代目前大量使用的

335 MPa 级热轧带肋钢筋，平均可节约钢材 12% 以上。高强钢筋作为节材节能环保产品，在建筑工程中大力推广应用，是加快转变经济发展方式的有效途径，是建设资源节约型、环境友好型社会的重要举措，对推动钢铁工业和建筑业结构调整、转型升级具有重大意义。

为了在绿色建筑中推广应用高强钢筋，本条参考现行国家标准《混凝土结构设计规范》GB 50010—2010 第 4.2.1 条之规定，对混凝土结构中梁、柱纵向受力普通钢筋提出强度等级和品种要求。

本条的评价方法为：设计评价查阅相关设计文件，对设计选用的梁、柱纵向受力普通钢筋强度等级进行核查；运行评价查阅竣工图纸，对实际选用的梁、柱纵向受力普通钢筋强度等级进行核查。

7.1.4 本条适用于各类民用建筑的设计、运行阶段评价。

设置大量的没有功能的纯装饰性构件，不符合绿色建筑节约资源的要求。而通过使用装饰和功能一体化构件，利用功能构件作为建筑造型的语言，可以在满足建筑功能的前提下表达美学效果，并节约资源。对于不具备遮阳、导光、导风、载物、辅助绿化等作用的飘板、格栅、构架和塔、球、曲面等装饰性构件，应对其造价进行控制。

本条的评价方法为：设计评价查阅相关设计文件，有装饰性构件的应提供其功能说明书和造价计算书；运行评价查阅竣工图和造价计算书，并进行现场核实。

7.2 评 分 项

I 节 材 设 计

7.2.1 本条适用于各类民用建筑的设计、运行阶段评价。

形体指建筑平面形状和立面、竖向剖面的变化。绿色建筑设计应重视其平面、立面和竖向剖面的规则性对抗震性能及经济合理性的影响，优先选用规则的形体。

建筑设计应根据抗震概念设计的要求明确建筑形体的规则性，抗震概念设计将建筑形体的规则性分为：规则、不规则、特别不规则和严重不规则。建筑形体的规则性应根据现行国家标准《建筑抗震设计规范》GB 50011—2010 的有关规定进行划分。为实现相同的抗震设防目标，形体不规则的建筑要比形体规则的建筑耗费更多的结构材料。不规则程度越高，对结构材料的消耗量越多，性能要求越高，不利于节材。

本条第 1 款对应抗震概念设计中建筑形体规则性分级的"不规则"；对形体特别不规则的建筑和严重不规则的建筑，本条不得分。

本条的评价方法为：设计评价查阅建筑图、结构施工图；运行评价查阅竣工图，并现场核实。

7.2.2 本条适用于各类民用建筑的设计、运行阶段评价。

地基基础、结构体系、结构构件占工程总造价约 80% 左右，对其进行优化设计节材效果明显，根据黑龙江省经济、资源状况更应该进行更充分的节材优化设计，并适当将此项分值增加至 8 分，以鼓励在设计过程中对地基基础、结构体系、结构构件进行优化，达到有效节约材料用量的目的。

结构体系指结构中所有承重构件及其共同工作的方式。结构布置及构件截面设计不同，建筑的材料用量也会有较大的差异。

本条的评价方法为：设计评价查阅建筑图、结构施工图和地基基础方案比选论证报告、结构体系节材优化设计书和结构构件节材优化设计书；运行评价查阅竣工图，并现场核实。

7.2.3 本条适用于各类民用建筑的设计、运行阶段评价。对混合功能建筑，应分别对其住宅建筑部分和公共建筑部分进行评价，本条得分值取两者的平均值。

土建和装修一体化设计，要求对土建设计和装修设计统一协调，在土建设计时考虑装修设计需求，事先进行孔洞预留和装修面层固定件的预埋，避免在装修时对已有建筑构件打凿、穿孔。

这样既可减少设计的反复，又可保证结构的安全，减少材料消耗，并降低装修成本。

本条的评价方法为：设计评价查阅土建、装修各专业施工图及其他证明材料；运行评价查阅土建、装修各专业竣工图及其他证明材料。

7.2.4 本条适用于公共建筑的设计、运行阶段评价。

在保证室内工作环境不受影响的前提下，在办公、商场等公共建筑室内空间尽量多采用可重复使用的灵活隔墙，或采用无隔墙只有矮隔断的大开间敞开式空间，可减少室内空间重新布置时对建筑构件的破坏，节约材料，同时为使用期间构配件的替换和将来建筑拆除后构配件的再利用创造条件。

除走廊、楼梯、电梯井、卫生间、设备机房、公共管井以外的地上室内空间均应视为"可变换功能的室内空间"，有特殊隔声、防护及特殊工艺需求的空间不计入。此外，作为商业、办公用途的地下空间也应视为"可变换功能的室内空间"，其他用途的地下空间可不计入。

"可重复使用的隔断（墙）"在拆除过程中应基本不影响与之相接的其他隔墙，拆卸后可进行再次利用，如大开间敞开式办公空间内的玻璃隔断（墙）、预制隔断（墙）、特殊节点设计的可分段拆除的轻钢龙骨水泥板或石膏板隔断（墙）和木隔断（墙）等。是否具有可拆卸节点，也是认定某隔断（墙）是否属于"可重复使用的隔断（墙）"的一个关键点，例如用砂浆砌筑的砌体隔墙不算可重复使用的隔墙。

本条中"可重复使用隔断（墙）比例"为：实际采用的可重复使用隔断（墙）围合的建筑面积与建筑中可变换功能的室内空间面积的比值。

本条的评价方法为：设计评价查阅建筑、结构施工图及可重复使用隔断（墙）的设计使用比例计算书；运行评价查阅建筑、结构竣工图及可重复使用隔断（墙）的实际使用比例计算书。

7.2.5 本条适用于各类民用建筑的设计、运行阶段评价。

本条旨在鼓励采用工业化方式生产的预制构件设计、建造绿色建筑。本条所指"预制构件"包括各种结构构件和非结构构件，如预制梁、预制柱、预制墙板、预制阳台板、预制楼梯、雨棚、栏杆等。在保证安全的前提下，使用工厂化方式生产的预制构件，既能减少材料浪费，又能减少施工对环境的影响，同时可为将来建筑拆除后构件的替换和再利用创造条件。

预制构件用量比例取各类预制构件重量与建筑地上部分重量的比值。

本条的评价方法为：设计评价查阅施工图、工程材料用量概预算清单；运行评价查阅竣工图、工程材料用量决算清单。

7.2.6 本条适用于居住建筑及酒店的设计、运行阶段评价。

本条鼓励采用系列化、多档次的整体化定型设计的厨房、卫浴间。其中整体化定型设计的厨房是指按人体工程学、炊事操作工序、模数协调及管线组合原则，采用整体设计方法而建成的标准化、多样化完成炊事、餐饮、起居等多种功能的活动空间。整体化定型设计的卫浴间是指在有限的空间内实现洗面、沐浴、如厕等多种功能的独立卫生单元。但结合黑龙江省实际的经济发展情况与整体化定型设计厨房、卫浴间应用非常少的实际情况，将分值进行了适当的降低，降至 4 分。

本条的评价方法为：设计评价查阅建筑设计或装修设计图和设计说明；运行评价查阅竣工图、工程材料用量决算表、施工记录。

Ⅱ 材 料 选 用

7.2.7 本条适用于各类民用建筑的运行阶段评价。

建材本地化是减少运输过程资源和能源消耗、降低环境污染的重要手段之一。本条鼓励使用本地生产的建筑材料，提高就地取材制成的建筑产品所占的比例。运输距离指建筑材料的最后一个生产工厂或场地到施工现场的距离。

本条的评价方法为：设计评价不参评；运行评价核查材料进

场记录、本地建筑材料使用比例计算书、相关证明文件。

7.2.8 本条适用于各类民用建筑的设计、运行阶段评价。

我国大力提倡和推广使用预拌混凝土，其应用技术已较为成熟。与现场搅拌混凝土相比，预拌混凝土产品性能稳定，易于保证工程质量，且采用预拌混凝土能够减少施工现场噪声和粉尘污染，节约能源、资源，减少材料损耗。

预拌混凝土应符合现行国家标准《预拌混凝土》GB/T 14902的规定。

本条的评价方法为：设计评价查阅施工图及说明；运行评价查阅设计说明、竣工图、预拌混凝土用量清单、相关证明文件。

7.2.9 本条适用于各类民用建筑的设计、运行阶段评价。

长期以来，我国建筑施工用砂浆一直采用现场拌制砂浆。现场拌制砂浆由于计量不准确、原材料质量不稳定等原因，施工后经常出现空鼓、龟裂等质量问题，工程返修率高。而且，现场拌制砂浆在生产和使用过程中不可避免地会产生大量材料浪费和损耗，污染环境。

预拌砂浆是根据工程需要配制、由专业化工厂规模化生产的，砂浆的性能品质和均匀性能够得到充分保证，可以很好地满足砂浆保水性、和易性、强度和耐久性需求。

预拌砂浆按照生产工艺可分为湿拌砂浆和干混砂浆；按照用途可分为砌筑砂浆、抹灰砂浆、地面砂浆、防水砂浆、陶瓷砖粘结砂浆、界面砂浆、保温板粘结砂浆、保温板抹面砂浆、聚合物水泥防水砂浆、自流平砂浆、耐磨地坪砂浆和饰面砂浆等。

预拌砂浆与现场拌制砂浆相比，不是简单意义的同质产品替代，而是采用先进工艺的生产线拌制，增加了技术含量，产品性能得到显著增强。预拌砂浆尽管单价比现场拌制砂浆高，但是由于其性能好、质量稳定、减少环境污染、材料浪费和损耗小、施工效率高、工程返修率低，可降低工程的综合造价。

预拌砂浆应符合现行标准《预拌砂浆》GB/T 25181 及《预拌砂浆应用技术规程》JGJ/T 223 的规定。

本条的评价方法为：设计评价查阅施工图及说明；运行评价查阅竣工图及说明，以及砂浆用量清单等证明文件。

7.2.10 本条适用于各类民用建筑的设计、运行阶段评价。砌体结构和木结构不参评。

本条与本标准控制项第7.1.3条相呼应。合理采用高强度结构材料，可减小构件的截面尺寸及材料用量，同时也可减轻结构自重，减小地震作用及地基基础的材料消耗。混凝土结构中的受力普通钢筋，包括梁、柱、墙、板、基础等构件中的纵向受力筋及箍筋。

混合结构指由采用了两种或两种以上结构形式的建筑结构，如采用钢框架或型钢（钢管）混凝土框架与钢筋混凝土筒体所组成的共同承受竖向和水平作用的高层建筑结构，底部采用钢筋混凝土结构（或钢-混凝土组合结构），上部采用钢结构的建筑结构。

钢-混凝土组合结构指主要受力构件采用组合构件的建筑结构。钢管混凝土、型钢混凝土、组合楼板、组合剪力墙等是典型的组合构件。

本条的评价方法为：设计评价查阅结构施工图及高强度（高性能）材料用量比例计算书；运行评价查阅竣工图、施工记录及材料决算清单，并现场核实。

7.2.11 本条适用于混凝土结构、钢结构民用建筑的设计、运行评价。

本条中的耐候结构钢须符合现行国家标准《耐候结构钢》GB/T 4171的要求；耐候型防腐涂料须符合行业标准《建筑用钢结构防腐涂料》JG/T 224—2007中Ⅱ型面漆和长效型底漆的要求。

本条中"高耐久性混凝土"指满足设计要求条件下，性能不低于行业标准《混凝土耐久性检验评定标准》JGJ/T 193中抗冻性能等级F200，抗硫酸盐侵蚀等级KS90，抗氯离子渗透性能、抗碳化性能及早期抗裂性能Ⅲ级的混凝土。其各项性能的检测与试验方法应符合《普通混凝土长期性能和耐久性能试验方法标准》GB/T 50082 的规定。

本条的评价方法为：设计评价查阅建筑及结构施工图、计算书；运行评价查阅建筑及结构竣工图、计算书，施工记录及材料决算清单中高耐久性建筑结构材料的使用情况，混凝土配合比报告单以及混凝土配料清单，并核查第三方出具的进场及复验报告，核查工程中采用高耐久性建筑结构材料的情况。

7.2.12 本条适用于各类民用建筑的设计、运行阶段评价。

建筑材料的循环利用是建筑节材与材料资源利用的重要内容。本条的设置旨在整体考量建筑材料的循环利用对节材与材料资源利用的贡献，评价范围是永久性安装在工程中的建筑材料，不包括电梯等设备。

有的建筑材料可以在不改变材料的物质形态情况下直接进行再利用，或经过简单组合、修复后可直接再利用，如有些材质的门、窗等。有的建筑材料需要通过改变物质形态才能实现循环利用，如难以直接回用的钢筋、玻璃等，可以回炉再生产。有的建筑材料则既可以直接再利用又可以回炉后再循环利用，例如标准尺寸的钢结构型材等。以上各类材料均可纳入本条范畴。

建筑中采用的可再循环建筑材料和可再利用建筑材料，可以减少生产加工新材料带来的资源、能源消耗和环境污染，具有良好的经济、社会和环境效益。

本条的评价方法为：设计评价查阅申报单位提交的工程概预算材料清单和相关材料使用比例计算书，核查相关建筑材料的使用情况；运行评价查阅申报单位提交的工程决算材料清单和相应的产品检测报告，核查相关建筑材料的使用情况。

7.2.13 本条适用于各类民用建筑的设计、运行阶段评价。

本条是对高性能混凝土应用进行了鼓励性规定，为落实《国务院关于化解产能严重过剩矛盾的指导意见》（国发〔2013〕41号）、《国务院办公厅关于转发发展改革委住房城乡建设部绿色建筑行动方案的通知》（国发〔2013〕1号）、《住房城乡建设部工业和信息化部关于推广应用高性能混凝土的若干意见》（建标〔2014〕117号）有关要求，在我省加快推广应用高性能混凝土，同时，考虑混凝土结构中的如多层建筑等其他建筑的建设成本与适用性，不适于使用过高强度等级的混凝土，而我省高性能混凝土的应用情况虽然处于发展阶段，但材料资源与技术条件具备。为了促进我省高性能混凝土的应用，本条中提出了多层混凝土结构等建筑鼓励使用高性能混凝土，以利于提高建筑物的全寿命期绿色度。

由于高性能混凝土的定义涵盖了从原材料选取、配合比设计、生产、施工及养护的混凝土制造全过程，对混凝土的强度与耐久性能均有具体要求，而本标准的7.2.10与7.2.11条分别对高强混凝土与高耐久性混凝土进行了应用规定，并分别列出对应考核指标，因此本条不再重复考核与评价混凝土材料的强度与耐久性能。本条侧重考察混凝土原材料选用、配合比设计与混凝土的工作性，高性能混凝土应符合《高性能混凝土应用技术指南》及相关标准的规定，应采用"双掺"技术，水胶比不得大于0.45，混凝土的坍落扩展度不小于500 mm。

本条的评价方法为：设计评价查阅建筑及结构施工图、计算书；运行评价查阅建筑及结构竣工图、计算书，施工记录及材料决算清单中高性能混凝土的使用情况，混凝土配合比报告单以及混凝土配料清单，并核查第三方出具的进场及复验报告，核查工程中采用高性能混凝土的情况。

7.2.14 本条适用于各类民用建筑的运行阶段评价。

本条中的"以废弃物为原料生产的建筑材料"是指在满足安全和使用性能的前提下，使用废弃物等作为原材料生产出的建筑材料，其中废弃物主要包括建筑废弃物、工业废料和生活废弃物。

在满足使用性能的前提下，鼓励利用建筑废弃混凝土生产再生骨料，制作成混凝土砌块、水泥制品或配制再生混凝土；鼓励利用工业废料、农作物秸秆、建筑垃圾、淤泥为原料制作成水泥、混凝土、墙体材料、保温材料等建筑材料；鼓励以工业副产品石膏制作成石膏制品；鼓励使用生活废弃物经处理后制成的建筑材料。

为保证废弃物使用量达到一定比例，本条要求以废弃物为原料生产的建筑材料重量占同类建筑材料总重量的比例不小于20%，且其中废弃物的掺量不低于10%。以废弃物为原料生产的建筑材料，应满足相应的国家或行业标准的要求。

本条的评价方法为：运行评价查阅工程决算材料清单、以废弃物为原料生产的建筑材料检测报告和废弃物建材资源综合利用认定证书等证明材料，核查相关建筑材料的使用情况和废弃物掺量。

7.2.15 本条适用于各类民用建筑的运行阶段评价。

为了保持建筑物的风格、视觉效果和人居环境，装饰装修材料在一定使用年限后会进行更新替换。如果使用易沾污、难维护及耐久性差的装饰装修材料，则会在一定程度上增加建筑物的维护成本，且施工也会带来有毒有害物质的排放、粉尘及噪声等问题。使用清水混凝土可减少装饰装修材料用量。本条重点对外立面材料的耐久性提出了要求，详见表7.2.14。

表7.2.14 外立面材料耐久性要求

分 类		耐 久 性 要 求
外墙涂料		采用水性氟涂料或耐候性相当的涂料
建筑幕墙	玻璃幕墙	明框、半隐框玻璃幕墙的铝型材表面处理符合《铝及铝合金阳极氧化膜与有机聚合物膜》GB/T 8013规定的耐候性等级的最高级要求。硅酮结构密封胶耐候性优于标准要求
	石材幕墙	根据当地气候环境条件，合理选用石材含水率和耐冻融指标，并对其表面进行防护处理
	金属板幕墙	采用氟碳制品，或耐久性相当的其他表面处理方式的制品
	人造板幕墙	根据当地气候环境条件，合理选用含水率、耐冻融指标

对建筑室内所采用耐久性好、易维护的装饰装修材料应提供相关材料证明所采用材料的耐久性。

本条的评价方法为：运行评价查阅建筑竣工图纸、材料决算清单、材料检测报告。

8 室内环境质量

8.1 控 制 项

8.1.1 本条适用于各类民用建筑的设计、运行评价。

本条所指的噪声控制对象包括室内自身声源和来自室外的噪声。室内噪声源一般为通风空调设备、日用电器等；室外噪声源则包括来自于建筑其他房间的噪声（如电梯噪声、空调设备噪声等）和来自建筑外部的噪声（如周边交通噪声、社会生活噪声、工业噪声等）。本条所指的低限要求，与国家标准《民用建筑隔声设计规范》GB 50118 中的低限要求规定对应，如该标准中没有明确室内噪声级的低限要求，即对应该标准规定的室内噪声级的最低要求。

本条的评价方法为：设计评价查阅相关设计文件、环评报告或噪声分析报告；运行评价查阅相关竣工图、室内噪声检测报告。

8.1.2 本条适用于各类民用建筑的设计、运行评价。

外墙、隔墙和门窗的隔声性能指空气声隔声性能；楼板的隔声性能除了空气声隔声性能之外，还包括撞击声隔声性能。本条所指的围护结构构件的隔声性能的低限要求，与国家标准《民用建筑隔声设计规范》GB 50118 中的低限要求规定对应，如该标准中没有明确围护结构隔声性能的低限要求，即对应该标准规定的隔声性能的最低要求。

本条的评价方法为：设计评价查阅相关设计文件、构件隔声性能的实验室检验报告；运行评价查阅相关竣工图、构件隔声性能的实验室检验报告，并现场核实。

8.1.3 本条适用于各类民用建筑的设计、运行评价。对住宅建筑的公共部分及土建装修一体化设计的房间应满足本条要求。

室内照明质量是影响室内环境质量的重要因素之一，良好的照明不但有利于提升人们的工作和学习效率，更有利于人们的身心健康，减少各种职业疾病。良好、舒适的照明要求在参考平面上具有适当的照度水平，避免眩光，显色效果良好。各类民用建筑中的室内照度、眩光值、一般显色指数等照明数量和质量指标应满足现行国家标准《建筑照明设计标准》GB 50034 的有关规定。

本条的评价方法为：设计评价查阅相关设计文件、计算分析报告；运行评价查阅相关竣工图、计算分析报告、现场检测报告，并现场核实。

8.1.4 本条适用于集中供暖空调的各类民用建筑的设计、运行评价。

通风以及房间的温度、湿度、新风量是室内热环境的重要指标，应满足现行国家标准《民用建筑供暖通风与空气调节设计规范》GB 50736 中的有关规定。

本条的评价方法为：设计评价查阅相关设计文件；运行评价查阅相关竣工图、室内温湿度检测报告、新风机组竣工验收风量检测报告、二氧化碳浓度检测报告，并现场核实。

8.1.5 本条适用于各类民用建筑的设计、运行评价。

房间内表面长期或经常结露会引起霉变，污染室内的空气，应加以控制。在设计阶段，按现行节能设计标准，在黑龙江省围护结构中主墙体是不会结露的，主要防止热桥处理不当引起内表面结露。在运行阶段，除设计原因外，如果材料和施工质量有问题，也会引起围护结构内表面结露。

本条的评价方法为：设计评价查阅相关设计文件；运行评价查阅相关竣工图，并现场核实。

8.1.6 本条适用于各类民用建筑的运行评价。

国家标准《民用建筑工程室内环境污染控制规范》GB 50325—2010（2013 年版）第 6.0.4 条规定，民用建筑工程验收时必须进行室内环境污染物浓度检测；并对其中氡、甲醛、苯、氨、总挥发性有机物等五类物质污染物的浓度限量进行了规定。本条在此基础上进一步要求建筑运行满一年后，氨、甲醛、苯、总挥发性有机物、氡五类空气污染物浓度应符合现行国家标准《室内空气质量标准》GB/T 18883 中的有关规定，详见表8.1.6。

表8.1.6　室内空气质量标准

污染物	标准值	备　注
氨 NH$_3$	≤0.20 mg/m^3	1 h 均值
甲醛 HCHO	≤0.10 mg/m^3	1 h 均值
苯 C$_6$H$_6$	≤0.11 mg/m^3	1 h 均值
总挥发性有机物 TVOC	≤0.60 mg/m^3	8 h 均值
氡 ^{222}Rn	≤400 Bq/m^3	年平均值

本条的评价方法为：运行评价查阅室内污染物检测报告，并现场核实。

8.2　评　分　项

I　室内声环境

8.2.1　本条适用于各类民用建筑的设计、运行评价。

国家标准《民用建筑隔声设计规范》GB 50118—2010 将住宅、办公、商业、医院等建筑主要功能房间的室内允许噪声级分"低限标准"和"高要求标准"两档列出。对于《民用建筑隔声设计规范》GB 50118—2010 一些只有唯一室内噪声级要求的建筑（如学校），本条认定该室内噪声级对应数值为低限标准，而高要求标准则在此基础上降低 5 dB（A）。需要指出，对于不同星级的旅馆建筑，其对应的要求不同，需要一一对应。

本条的评价方法为：设计评价查阅相关设计文件、环评报告或噪声分析报告；运行评价查阅相关竣工图、室内噪声检测报告。

8.2.2　本条适用于各类民用建筑的设计、运行评价。

国家标准《民用建筑隔声设计规范》GB 50118—2010 将住宅、办公、商业、旅馆、医院等类型建筑的墙体、门窗、楼板的空气声隔声性能以及楼板的撞击声隔声性能分"低限标准"和"高要求标准"两档列出。居住建筑、办公、旅馆、商业、医院等建筑宜满足《民用建筑隔声设计规范》GB 50118—2010 中围护结构隔声标准的低限标准要求，但不包括开放式办公空间。对于《民用建筑隔声设计规范》GB 50118—2010 只规定了构件的单一空气隔声性能的建筑，本条认定该构件对应的空气隔声性能数值为低限标准限值，而高要求标准限值则在此基础上提高 5 dB。同样地，本条采取同样的方式定义只有单一楼板撞击声隔声性能的建筑类型，并规定高要求标准限值为低限标准限值降低 10 dB。

对于《民用建筑隔声设计规范》GB 50118—2010 没有涉及的类型建筑的围护结构构件隔声性能，可对照相似类型建筑的要求评价。

本条的评价方法为：设计评价查阅相关设计文件、构件隔声性能的实验室检验报告；运行评价查阅相关竣工图、构件隔声性能的实验室检验报告，并现场核实。

8.2.3 本条适用于各类民用建筑的设计、运行评价。

解决民用建筑内的噪声干扰问题首先应从规划设计、单体建筑内的平面布置考虑。这就要求合理安排建筑平面和空间功能，并在设备系统设计时就考虑其噪声与振动控制措施。变配电房、水泵房等设备用房的位置不应放在住宅或重要房间的正下方或正上方。此外，卫生间排水噪声是影响正常工作生活的主要噪声，因此鼓励采用包括同层排水、旋流弯头等有效措施加以控制或改善。

本条评价方法为：设计评价查阅相关设计文件；运行评价查阅相关竣工图，并现场核实。

8.2.4 本条适用于各类公共建筑的设计、运行评价。

多功能厅、接待大厅、大型会议室、讲堂、音乐厅、教室、餐厅和其他有声学要求的重要功能房间的各项声学设计指标应满足有关标准的要求。

专项声学设计应将声学设计目标在相关设计文件中注明。

本条的评价方法为：设计评价查阅相关设计文件、声学设计专项报告；运行评价查阅声学设计专项报告、检测报告，并现场核实。

Ⅱ 室内光环境与视野

8.2.5 本条适用于各类民用建筑的设计、运行评价。

窗户除了有自然通风和天然采光的功能外，还起到沟通内外的作用，良好的视野有助于居住者或使用者心情舒畅，提高效率。

对于居住建筑，主要判断建筑间距。根据国外经验，当两幢住宅楼居住空间的水平视线距离不低于 18 m 时即能基本满足要求。对于公共建筑，本条主要评价在规定的使用区域，主要功能房间都能看到室外自然环境，没有构筑物或周边建筑物造成明显视线干扰。对于公共建筑，非功能空间包括走廊、核心筒、卫生间、电梯间、特殊功能房间，其余的为功能房间。

本条的评价方法为：设计评价查阅相关设计文件；运行评价查阅相关竣工图，并现场核实。

8.2.6 本条适用于各类民用建筑的设计、运行评价。

充足的天然采光有利于居住者的生理和心理健康，同时也有利于降低人工照明能耗。各种光源的视觉试验结果表明，在同样照度的条件下，天然光的辨认能力优于人工光，从而有利于人们工作、生活、保护视力和提高劳动生产率。

本条的评价方法为：设计评价查阅相关设计文件、计算分析报告；运行评价查阅相关竣工图、计算分析报告、检测报告，并现场核实。

8.2.7 本条适用于各类民用建筑的设计、运行评价。

天然采光不仅有利于照明节能，而且有利于增加室内外的自然信息交流，改善空间卫生环境，调节空间使用者的心情。建筑的地下空间和大进深的地上室内空间，容易出现天然采光不足的情况。通过反光板、棱镜玻璃窗、天窗、下沉庭院等设计手法或采用导光管技术，可以有效改善这些空间的天然采光效果。本条第1款，要求符合《建筑采光设计标准》中控制不舒适眩光的相关规定。

第2款的内区，是针对外区而言的。为简化，一般情况下外区定义为距离建筑外围护结构5 m范围内的区域。

3款可同时得分。如果参评建筑无内区，第2款直接得4分；如果参评建筑没有地下部分，第3款直接得4分。

本条的评价方法为：设计评价查阅相关设计文件、采光计算报告；运行评价查阅相关竣工图、天然采光检测报告，并现场核实。

Ⅲ 室内热湿环境

8.2.8 本条适用于各类民用建筑的设计、运行评价。

黑龙江省冬季采暖时间长达6个月，建筑物需要阳光辐射得热，而夏季需要遮阳的时间很短。《公共建筑节能设计标准黑龙江省实施细则》DB 23/1269—2008中第4.2.5规定"严寒地区当建筑物主朝向为西向、窗墙面积比比较大时（包括幕墙），宜设置外部遮阳。"因此在需要采取遮阳措施时，可调遮阳措施在冬季时应能达到既不影响建筑阳光入射，又能减少辐射换热和对流换热等，起到保温作用。对没有遮阳要求的居住建筑，可直接得8分；对没有阳光直射的透明围护结构，不计入面积计算。

本条的评价方法为：设计评价查阅相关设计文件、产品说明书；运行评价查阅相关竣工图、产品说明书，并现场核实。

8.2.9 本条适用于集中供暖空调的各类民用建筑的设计、运行评价。

本条强调室内热舒适的调控性，包括主动式供暖空调末端的可调性及个性化的调节措施，总的目标是尽量地满足用户改善个人热舒适的差异化需求。对于集中供暖空调的住宅，由于本标准

第5.1.3条的控制项要求，比较容易达到要求。对于采用供暖空调系统的公共建筑，应根据房间、区域的功能和所采取的系统形式，合理设置可调末端装置。

本条的评价方法为：设计评价查阅相关设计文件、产品说明书；运行评价查阅相关竣工图、产品说明书，并现场核实。

Ⅳ 室内空气质量

8.2.10 本条适用于各类民用建筑的设计、运行评价。

第1款主要通过通风开口面积与房间地板面积的比值进行简化判断。此外，卫生间是住宅内部的一个空气污染源，卫生间开设外窗有利于污浊空气的排放。

第2款主要针对不容易实现自然通风的公共建筑（例如大进深内区、由于别的原因不能保证开窗通风面积满足自然通风要求的区域）进行了自然通风优化设计或创新设计，保证建筑在过渡季典型工况下平均自然通风换气次数大于 2 次/h（按面积计算。对于高大空间，主要考虑 3 m 以下的活动区域）。本款可通过以下两种方式进行判断：

1 在过渡季节典型工况下，自然通风房间可开启外窗净面积不得小于房间地板面积的 4%，建筑内区房间若通过邻接房间进行自然通风，其通风开口面积应大于该房间净面积的 8%，且不应小于 2.3 m^2（数据源自美国 ASHRAE 标准 62.1）。

2 对于复杂建筑，必要时需采用多区域网络法进行多房间自然通风量的模拟分析计算。

本条的评价方法为：设计评价查阅相关设计文件、计算书、自然通风模拟分析报告；运行评价查阅相关竣工图、计算书、自然通风模拟分析报告，并现场核实。

8.2.11 本条适用于各类民用建筑的设计、运行评价。

重要功能区域指的是主要功能房间，高大空间（如剧场、体育场馆、博物馆、展览馆等），以及对于气流组织有特殊要求的区域。

本条第 1 款要求供暖、通风或空调工况下的气流组织应满足功能要求，避免冬季热风无法下降，气流短路制冷效果不佳，确保主要房间的环境参数（温度、湿度分布，风速，辐射温度等）达标。公共建筑的暖通空调设计图纸应有专门的气流组织设计说明，提供射流公式校核报告，末端风口设计应有充分的依据，必要时应提供相应的模拟分析优化报告。对于住宅，应分析分体空调室内机位置与起居室床的关系是否会造成冷风直接吹到居住者、分体空调室外机设计是否形成气流短路或恶化室外传热等问题；对于土建与装修一体化设计施工的住宅，还应校核室内空调供暖时卧室和起居室室内热环境参数是否达标。设计评价主要审查暖通空调设计图纸，以及必要的气流组织模拟分析或计算报告。运行阶段检查典型房间的抽样实测报告。

本条第 2 款要求卫生间、餐厅、地下车库等区域的空气和污染物避免串通到室内别的空间或室外活动场所。住区内尽量将厨房和卫生间设置于建筑单元（或户型）自然通风的负压侧，防止厨房或卫生间的气味因主导风反灌进入室内，而影响室内空气质量。同时，可以对于不同功能房间保证一定压差，避免气味散发量大的空间（比如卫生间、餐厅、地下车库等）的气味或污染物串通到室内别的空间或室外主要活动场所。卫生间、餐厅、地下车库等区域如设置机械排风，应保证负压，还应注意其取风口和排风口的位置，避免短路或污染。运行评价需现场核查或检测。

本条的评价方法为：设计评价查阅相关设计文件、气流组织模拟分析报告；运行评价查阅相关竣工图、气流组织模拟分析报告，并现场核实。

8.2.12 本条适用于集中通风空调各类公共建筑的设计、运行评价。住宅建筑不参评。

人员密度较高且随时间变化大的区域，指设计人员密度超过 0.25 人/m²，设计总人数超过 8 人，且人员随时间变化大的区域。

二氧化碳检测技术比较成熟，使用方便，但甲醛、氨、苯、VOC 等空气污染物的浓度监测比较复杂，使用不方便，有些简便方法不成熟，受环境条件变化影响大。对二氧化碳，要求检测进、排风设备的工作状态，并与室内空气污染监测系统关联，实现自动通风调节。

对甲醛、颗粒物等其他污染物，要求可以超标实时报警。

本条包括对室内的要求二氧化碳浓度监测，即应设置与排风联动的二氧化碳检测装置，当传感器监测到室内二氧化碳浓度超过一定量值时进行报警，同时自动启动排风系统。室内二氧化碳浓度的设定值可参考国家标准《室内空气中二氧化碳卫生标准》GB/T 17094—1997（2 000 mg/m³）等相关标准的规定。

本条的评价方法为：设计评价查阅相关设计文件；运行评价查阅竣工图、运行记录，并现场核实。

8.2.13 本条适用于设地下车库的各类民用建筑的设计、运行评价。

地下车库空气流通不好，容易导致有害气体浓度过大，对人体造成伤害。有地下车库的建筑，车库设置与排风设备联动的一氧化碳检测装置，超过一定的量值时需报警，并立刻启动排风系统。所设定的量值可参考国家标准《工作场所有害因素职业接触限值第1部分：化学有害因素》GBZ2.1—2007（一氧化碳的短时间接触容许浓度上限为30 mg/m³）等相关标准的规定。

本条的评价方法为：设计评价查阅相关设计文件；运行评价查阅相关竣工图、运行记录，并现场核实。

9 施 工 管 理

9.1 控 制 项

9.1.1 本条适用于各类民用建筑的运行阶段评价。

项目部成立专门的绿色建筑施工管理组织机构,完善管理体系和制度建设,根据预先设定的绿色建筑施工总目标,进行目标分解、实施和考核活动。比选优化施工方案,制订相应施工计划并严格执行,要求措施、进度和人员落实,实行过程和目标双控。项目经理为绿色施工第一责任人,负责绿色施工的组织实施及目标实现,并指定绿色建筑施工各级管理人员和监督人员。

本条的评价方法为:运行评价查阅该项目组织机构的相关制度文件,在施工过程中各种主要活动的可证明记录,包括可证明时间、人物、事件的纸质和电子文件、影像资料等。

9.1.2 本条适用于各类民用建筑的运行阶段评价。

建筑施工过程是对工程场地的一个改造过程,不但改变了场地的原始状态,而且对周边环境造成影响,包括水土流失、土壤污染、扬尘、噪声、污水排放、光污染等。为了有效减小施工对环境的影响,应制订施工全过程的环境保护计划,明确施工中各相关方应承担的责任,将环境保护措施落实到具体责任人;实施过程中开展定期检查,保证环境保护计划的实现。

本条的评价方法为:运行评价查阅施工全过程环境保护计划书、施工单位 ISO 14001 认证文件、环境保护实施记录文件(包括责任人签字的检查记录、照片或影像等)、可能有的当地环保局或建委等有关主管部门对环境影响因子如扬尘、噪声、污水排放评价的达标证明。

9.1.3 本条适用于各类民用建筑的运行阶段评价。

建筑施工过程中应加强对施工人员的健康安全保护。建筑施工项目部应编制"职业健康安全管理计划"，并组织落实，保障施工人员的健康与安全。

本条的评价方法为：运行评价查阅职业健康安全管理计划、施工单位OHSAS 18000职业健康与安全体系认证文件、现场作业危险源清单及其控制计划、现场作业人员个人防护用品配备及发放台账，必要时核实劳动保护用品或器具进货单。

9.1.4 本条适用于各类民用建筑的运行阶段评价，也可在设计评价中进行预审。

施工建设将绿色设计转化成绿色建筑。在这一过程中，参建各方应对设计文件中绿色建筑重点内容正确理解与准确把握。施工前由参建各方进行专业交底时，应对保障绿色建筑性能的重点内容逐一交底。

本条的评价方法为：运行评价查阅各专业设计文件交底记录；设计评价预审时，查阅设计交底文件。

9.2 评 分 项

I 环 境 保 护

9.2.1 本条适用于各类民用建筑的运行阶段评价。

施工扬尘是最主要的大气污染源之一。施工中应采取降尘措施，降低大气总悬浮颗粒物浓度。施工中的降尘措施包括对易飞扬物质的洒水、覆盖、遮挡，对出入车辆的清洗、封闭，对易产生扬尘施工工艺的降尘措施等。在工地建筑结构脚手架外侧设置密目防尘网或防尘布，具有很好的扬尘控制效果。

本条的评价方法为：运行评价查阅由建设单位、施工单位、监理单位签字确认的降尘措施实施记录。

9.2.2 本条适用于各类民用建筑的运行阶段评价。

施工产生的噪声是影响周边居民生活的主要因素之一，也是居民投诉的主要对象。国家标准《建筑施工场界环境噪声排放标准》GB 12523—2011 对噪声的测量、限值作出了具体的规定，是施工噪声排放管理的依据。为了减低施工噪声排放，应该采取降低噪声和噪声传播的有效措施，包括采用低噪声设备，运用吸声、消声、隔声、隔振等降噪措施，降低施工机械噪声。

本条的评价方法为：运行评价查阅场界噪声测量记录。

9.2.3 本条适用于各类民用建筑的运行阶段评价。

目前建筑施工废弃物的数量很大，堆放或填埋均占用大量的土地；对环境产生很大的影响，包括建筑垃圾的淋滤液渗入土层和含水层，破坏土壤环境，污染地下水，有机物质发生分解产生有害气体，污染空气；同时建筑施工废弃物的产出，也意味着资源的浪费。因此减少建筑施工废弃物产出，涉及节地、节能、节材和保护环境这样一个可持续发展的综合性问题。施工废弃物减量化应在材料采购、材料管理、施工管理的全过程实施。施工废弃物应分类收集、集中堆放，尽量回收和再利用。

建筑施工废弃物包括工程施工产生的各类施工废料，有的可回收，有的不可回收，不包括基坑开挖的渣土。

本条的评价方法为：运行评价查阅建筑施工废弃物减量化资源化计划，回收站出具的建筑施工废弃物回收单据，各类建筑材料进货单，各类工程量结算清单，施工单位统计计算的每 10 000 m^2 建筑施工固体废弃物排放量。

II　资　源　节　约

9.2.4 本条适用于各类民用建筑的运行阶段评价。

施工过程中的用能，是建筑全寿命期能耗的组成部分。由于建筑结构、高度、所在地区等的不同，建成每平方米建筑的用能量有显著的差异。施工中应制定节能和用能方案，提出建成每平方米建筑能耗目标值，预算各施工阶段用电负荷，合理配置临时用电设备，尽量避免多台大型设备同时使用。合理安排工序，提高各种机械的使用率和满载率，降低各种设备的单位耗能。做好建筑施工能耗管理，包括现场耗能与运输耗能。为此应该做好能耗监测、记录，用于指导施工过程中的能源节约。竣工时提供施工过程能耗记录和建成每平方米建筑实际能耗值，为施工过程的能耗统计提供基础数据。

记录主要建筑材料运输耗能，是指有记录的建筑材料占所有建筑材料重量的85%以上。

本条的评价方法为：运行评价查阅施工节能和用能方案、用能监测记录，建成每平方米建筑能耗值。

9.2.5 本条适用于各类民用建筑的运行阶段评价。

施工过程中的用水，是建筑全寿命期水耗的组成部分。由于建筑结构、高度、所在地区等的不同，建成每平方米建筑的用水量有显著的差异。施工中应制定节水和用水方案，提出建成每平方米建筑水耗目标值。为此应该做好水耗监测、记录，用于指导施工过程中的节水。竣工时提供施工过程水耗记录和建成每平方米建筑实际水耗值，为施工过程的水耗统计提供基础数据。

基坑降水抽取的地下水量大，要合理设计基坑开挖，减少基坑水排放。配备地下水存储设备，合理利用抽取的基坑水。记录基坑降水的抽取量、排放量和利用量数据。对于洗刷、降尘、绿化、设备冷却等用水来源，应尽量采用非传统水源。具体包括工程项目中使用的中水、基坑降水、工程使用后收集的沉淀水以及雨水等。

本条的评价方法为：运行评价查阅施工节水和用水方案，用水监测记录，建成每平方米建筑水耗值，有监理证明的非传统水源使用记录以及项目配置的施工现场非传统水源使用设施，使用照片、影像等证明资料。

9.2.6 本条适用于各类民用建筑的运行阶段评价，也可在设计评价中进行预审。对不使用预拌混凝土的项目，本条不参评。

减少混凝土损耗、降低混凝土消耗量是施工中节材的重点内容之一。我国各地方的工程量预算定额，一般规定预拌混凝土的损耗率是1.5%，但在很多工程施工中超过了1.5%，甚至达到了2%～3%，因此有必要对预拌混凝土的损耗率提出要求。本条参考有关定额标准及部分实际工程的调查数据，对损耗率分档评分。

本条的评价方法为：运行评价查阅混凝土用量结算清单、预拌混凝土进货单，施工单位统计计算的预拌混凝土损耗率；设计评价预审时，查阅对保温隔热材料、建筑砌块等提出的砂浆要求文件。

9.2.7 本条适用于各类民用建筑的运行阶段评价，也可在设计评价中进行预审。对不使用钢筋的项目，本条得 8 分。

钢筋是混凝土结构建筑的大宗消耗材料。钢筋浪费是建筑施工中普遍存在的问题，设计、施工不合理都会造成钢筋浪费。我国各地方的工程量预算定额，根据钢筋的规格不同，一般规定的损耗率为 2.5%～4.5%。根据对国内施工项目的初步调查，施工中实际钢筋浪费率约为 6%。因此有必要对钢筋的损耗率提出要求。

专业化生产是指将钢筋用自动化机械设备按设计图纸要求加工成钢筋半成品，并进行配送的生产方式。钢筋专业化生产不仅可以通过统筹套裁节约钢筋，还可减少现场作业、降低加工成本、提高生产效率、改善施工环境和保证工程质量。

本条参考有关定额及部分实际工程的调查数据，对现场加工钢筋损耗率分档评分。

本条的评价方法为：运行评价查阅专业化生产成型钢筋用量结算清单、成型钢筋进货单，施工单位统计计算的成型钢筋使用率，现场钢筋加工的钢筋工程量清单、钢筋用量结算清单，钢筋进货单，施工单位统计计算的现场加工钢筋损耗率；设计评价预审时，查阅采用专业化加工的建议文件，如条件具备情况、有无加工厂、运输距离等。

9.2.8 本条适用于各类民用建筑的运行阶段评价。对不使用模板的项目，本条得 10 分。

建筑模板是混凝土结构工程施工的重要工具。我国的木胶合板模板和竹胶合板模板发展迅速，目前与钢模板已成三足鼎立之势。

散装、散拆的木（竹）胶合板模板施工技术落后，模板周转次数少，费工费料，造成资源的大量浪费。同时废模板形成大量的废弃物，对环境造成负面影响。

工具式定型模板，采用模数制设计，可以通过定型单元，包括平面模板、内角、外角模板以及连接件等，在施工现场拼装成多种形式的混凝土模板。它既可以一次拼装，多次重复使用，又可以灵活拼装，随时变化拼装模板的尺寸。定型模板的使用，提高了周转次数，减少了废弃物的产出，是模板工程绿色技术的发展方向。

本条用定型模板使用面积占模板工程总面积的比例进行分档评分。

本条的评价方法为：运行评价查阅模板工程施工方案，定型模板进货单或租赁合同，模板工程量清单，以及施工单位统计计算的定型模板使用率。

Ⅲ 过 程 管 理

9.2.9 本条适用于各类民用建筑的运行阶段评价。

施工是把绿色建筑由设计转化为实体的重要过程，在这一过程中除施工应采取相应措施降低施工生产能耗、保护环境外，设计文件会审也是关于能否实现绿色建筑的一个重要环节。各方责任主体的专业技术人员都应该认真理解设计文件，以保证绿色建筑的设计通过施工得以实现。

本条的评价方法为：运行评价查阅各专业设计文件会审记录、施工日志记录。

9.2.10 本条适用于各类民用建筑的运行阶段评价，也可在设计评价中进行预审。

绿色建筑设计文件经审查后，在建造过程中往往可能需要进行变更，这样有可能使绿色建筑的相关指标发生变化。本条旨在强调在建造过程中严格执行审批后的设计文件，若在施工过程中出于整体建筑功能要求，对绿色建筑设计文件进行变更，但不显著影响该建筑绿色性能，其变更可按照正常的程序进行。设计变更应留存完整的资料档案，作为最终评审时的依据。

本条的评价方法为：运行评价查阅各专业设计文件变更记录、洽商记录、会议纪要、施工日志记录；设计评价预审时，查阅各专业设计文件。

9.2.11 本条适用于各类民用建筑的运行阶段评价。

建筑使用寿命的延长意味着更好地节约能源资源。建筑结构耐久性指标，决定着建筑的使用年限。施工过程中，应根据绿色建筑设计文件和有关标准的要求，对保障建筑结构耐久性的相关措施进行检测。检测结果是竣工验收及绿色建筑评价时的重要依据。

对绿色建筑的装修装饰材料、设备，应按照相应标准进行检测。

本条规定的检测，可采用实施各专业施工、验收规范所进行的检测结果。也就是说，不必专门为绿色建筑实施额外的检测。

本条的评价方法为：运行评价查阅建筑结构耐久性的施工专项方案和检测报告，对有关装饰装修材料、设备的检测报告。

9.2.12 本条适用于住宅建筑的运行阶段评价，也可在设计评价中进行预审。

土建装修一体化设计、施工，对节约能源资源有重要作用。实践中，可由建设单位统一组织建筑主体工程和装修施工，也可由建设单位提供菜单式的装修做法由业主选择，统一进行图纸设计、材料购买和施工。在选材和施工方面尽可能采取工业化制造，具备稳定性、耐久性、环保性和通用性的设备和装修装饰材料，从而在工程竣工验收时室内装修一步到位，避免破坏建筑构件和设施。

本条的评价方法为：竣工验收时查阅主要功能空间的实景照片及说明；运行评价查阅装修材料、机电设备检测报告、性能复试报告、建筑竣工验收证明、建筑质量保修书、使用说明书、业主反馈意见书；设计评价预审时，查阅土建装修一体化设计图纸、效果图。

9.2.13 本条适用于各类民用建筑的运行阶段评价。

冬期施工是黑龙江省建筑工程施工的一个必经环节，不仅包含工程的建设过程，也包含了工程的越冬期维护过程，采取合理的冬期施工方法不仅可以保证建设工程的工程质量达到设计要求，而且通过冬期施工方法的合理选择与优化可以节约能源资源。因此对冬期施工提出了适当的评价要求。

本条规定的评价方法为：运行评价采用实施各专业施工所进行的专项施工方案与施工内业记录。

9.2.14 本条适用于各类民用建筑的运行阶段评价，也可在设计评价中进行预审。

随着技术的发展，现代建筑的机电系统越来越复杂。本条强调系统综合调试和联合试运转的目的，就是让建筑机电系统的设计、安装和运行达到设计目标，保证绿色建筑的运行效果。主要内容包括制定完整的机电系统综合调试和联合试运转方案，对通风空调系统、空调水系统、给排水系统、热水系统、电气照明系统、动力系统的综合调试过程以及联合试运转过程。建设单位是机电系统综合调试和联合试运转的组织者，根据工程类别、承包形式，建设单位也可以委托代建公司和施工总承包单位组织机电系统综合调试和联合试运转。

本条的评价方法为：运行评价查阅设计文件中机电系统综合调试和联合试运转方案和技术要点，施工日志、调试运转记录；设计评价预审时，查阅设计方提供的综合调试和联合试运转技术要点文件。

10 运营管理

10.1 控 制 项

10.1.1 本条适用于各类民用建筑的运行评价。

物业管理单位应提交节能、节水、节材与绿化管理制度，并说明实施效果。节能管理制度主要包括节能方案、节能管理模式和机制、分户分项计量收费等。节水管理制度主要包括节水方案、分户分类计量收费、节水管理机制等。耗材管理制度主要包括维护和物业耗材管理。绿化管理制度主要包括苗木养护、用水计量和化学药品的使用制度等。

本条的评价方法为：运行评价查阅物业管理单位节能、节水、节材与绿化管理制度文件、日常管理记录，并现场核查。

10.1.2 本条适用于各类民用建筑的运行评价，也可在设计评价中进行预审。

建筑运行过程中产生的生活垃圾有家具、电器等大件垃圾；有纸张、塑料、玻璃、金属、布料等可回收利用垃圾；有剩菜剩饭、骨头、菜根菜叶、果皮等厨余垃圾；有含有重金属的电池、废弃灯管、过期药品等有害垃圾；还有装修或维护过程中产生的渣土、砖石和混凝土碎块、金属、竹木材等废料。首先，根据垃圾处理要求等确立分类管理制度和必要的收集设施，并对垃圾的收集、运输等进行整体的合理规划，合理设置小型有机厨余垃圾处理设施；其次，制定包括垃圾管理运行操作手册、管理设施、管理经费、人员配备及机构分工、监督机制、定期的岗位业务培训和突发事件的应急处理系统等内容的垃圾管理制度；最后，垃圾容器应具有密闭性能，其规格和位置应符合国家有关标准的规定，其数量、外观色彩及标志应符合垃圾分类收集的要求，并置于隐蔽、避风处，与周围景观相协调，坚固耐用，不易倾倒，防止垃圾无序倾倒和二次污染。

本条的评价方法为：运行评价查阅建筑、环卫等专业的垃圾收集、处理设施的竣工文件，垃圾管理制度文件，垃圾收集、运输等的整体规划，并现场核查；设计评价预审时，查阅垃圾物流规划、垃圾容器设置等文件。

10.1.3 本条适用于各类民用建筑的运行评价。

本条主要考察建筑的运行。除了本标准第10.1.2条已作出要求的固体污染物之外，建筑运行过程中还会产生各类废气和污水，可能造成多种有机和无机的化学污染，放射性等物理污染，以及病原体等生物污染。此外，还应关注噪声、电磁辐射等物理污染。为此需要通过合理的技术措施和排放管理手段，杜绝建筑运行过程中相关污染物的不达标排放。相关污染物的排放应符合现行标准《大气污染物综合排放标准》GB 16297、《锅炉大气污染物排放标准》GB 13271、《饮食业油烟排放标准》GB 18483、《污水综合排放标准》GB 8978、《医疗机构水污染物排放标准》GB 18466、《污水排入城镇下水道水质标准》CJ 343、《社会生活环境噪声排放标准》GB 22337、《制冷空调设备和系统减少卤代制冷剂排放规范》GB/T 26205等的规定。

本条的评价方法为：运行评价查阅污染物排放管理制度文件，项目运行期排放废气、污水等污染物的排放检测报告，并现场核查。

10.1.4 本条适用于各类民用建筑的运行评价。

本条为新增条文。绿色建筑设置的节能、节水设施，如热能回收设备、地源/水源热泵、太阳能光伏发电设备、太阳能光热水设备、遮阳设备、雨水收集处理设备等，均应工作正常，才能使预期的目标得以实现。本标准中第5.2.13、5.2.14、5.2.15、5.2.16、6.2.12条等对相关设施虽有技术要求，但偏重于技术合理性，有必要考察其实际运行情况。

本条的评价方法为：运行评价查阅节能和节水设施的竣工文

件、运行记录，并现场核查设备系统的工作情况。

10.1.5 本条适用于各类民用建筑的运行评价，也可在设计评价中进行预审。

供暖、通风、空调和照明系统是建筑物的主要用能设备。本标准中第 5.2.7、5.2.8、5.2.9、8.2.9、8.2.12、8.2.13 条虽已要求采用自动控制措施进行节能和室内环境保障，但本条主要考察其实际工作正常，及其运行数据。因此，需对绿色建筑的上述系统及主要设备进行有效的监测，对主要运行数据进行实时采集并记录；并对上述设备系统按照设计要求进行自动控制，通过在各种不同运行工况下的自动调节来降低能耗。对于建筑面积 20 000 m² 以下的公共建筑和建筑面积 100 000 m² 以下的住宅区公共设施的监控，可以不设建筑设备自动监控系统，但应设简易有效的控制措施。

本条的评价方法为：运行评价查阅设备自控系统竣工文件、运行记录，并现场核查设备及其自控系统的工作情况；设计评价预审时，查阅建筑设备自动监控系统的监控点数。

10.2 评 分 项

I 管 理 制 度

10.2.1 本条适用于各类民用建筑的运行评价。

物业管理单位通过 ISO 14001 环境管理体系认证，是提高环境管理水平的需要，可达到节约能源、降低消耗、减少环保支出、降低成本的目的，减少由于污染事故或违反法律、法规所造成的环境风险。

物业管理具有完善的管理措施，定期进行物业管理人员的培训。ISO 9001 质量管理体系认证可以促进物业管理单位质量管理体系的改进和完善，提高其管理水平和工作质量。

《能源管理体系要求》GB/T 23331 是在组织内建立起完整有效的、形成文件的能源管理体系，注重过程的控制，优化组织的活动、过程及其要素，通过管理措施，不断提高能源管理体系持续改进的有效性，实现能源管理方针和预期的能源消耗或使用目标。

本条的评价方法为：运行评价查阅相关认证证书和相关的工作文件。

10.2.2 本条适用于各类民用建筑的运行评价。

本条是在本标准控制项第 10.1.1、10.1.4 条的基础上所提出的更高要求。节能、节水、节材、绿化的操作管理制度是指导操作管理人员工作的指南，应挂在各个操作现场的墙上，促使操作人员严格遵守，以有效保证工作的质量。

可再生能源系统、雨废水回用系统等节能、节水设施的运行维护技术要求高，维护的工作量大，无论是自行运维还是购买专业服务，都需要建立完善的管理制度及应急预案。日常运行中应做好记录。

本条的评价方法为：运行评价查阅相关管理制度、操作规程、应急预案、操作人员的专业证书、节能节水设施的运行记录，并现场核查。

10.2.3 本条适用于各类民用建筑的运行评价。当被评价项目不存在租用者时，第 2 款可不参评。

管理是运行节约能源、资源的重要手段，必须在管理业绩上与节能、节约资源情况挂钩。因此要求物业管理单位在保证建筑的使用性能要求、投诉率低于规定值的前提下，实现其经济效益与建筑用能系统的耗能状况、水资源和各类耗材等的使用情况直接挂钩。采用合同能源管理模式更是节能的有效方式。

本条的评价方法为：运行评价查阅物业管理机构的工作考核体系文件、业主和租用者以及管理企业之间的合同。

10.2.4 本条适用于各类民用建筑的运行评价。

在建筑物长期的运行过程中，用户和物业管理人员的意识与行为，直接影响绿色建筑的目标实现，因此需要坚持倡导绿色理念与绿色生活方式的教育宣传制度，培训各类人员正确使用绿色设施，形成良好的绿色行为与风气。

本条的评价方法为：运行评价查阅绿色教育宣传的工作记录与报道记录，绿色设施使用手册，并向建筑使用者核实。

Ⅱ　技　术　管　理

10.2.5　本条适用于各类民用建筑的运行评价。

本条为新增条文，是在本标准控制项第10.1.4、10.1.5条的基础上所提出的更高要求。保持建筑物与居住区的公共设施设备系统运行正常，是绿色建筑实现各项目标的基础。机电设备系统的调试不仅限于新建建筑的试运行和竣工验收，而应是一项持续性、长期性的工作。因此，物业管理单位有责任定期检查、调试设备系统，标定各类检测器的准确度，根据运行数据，或第三方检测的数据，不断提升设备系统的性能，提高建筑物的能效管理水平。

本条的评价方法为：运行评价查阅相关设备的检查、调试、运行、标定记录，以及能效改进方案等文件。

10.2.6　本条适用于采用集中空调通风系统的各类民用建筑的运行评价。

随着国民经济的发展和人民生活水平的提高，中央空调与通风系统已成为许多建筑中的一项重要设施。对于使用空调可能会造成疾病转播（如军团菌、非典等）的认识也不断提高，从而深刻意识到了清洗空调系统，不仅可节省系统运行能耗、延长系统的使用寿命，还可保证室内空气品质，降低疾病产生和传播的可能性。空调通风系统清洗的范围应包括系统中的换热器、过滤器，通风管道与风口等，清洗工作符合《空调通风系统清洗规范》GB 19210的要求。

本条的评价方法为：运行评价查阅物业管理措施、清洗计划和工作记录。

10.2.7　本条适用于设置非传统水源利用设施的各类民用建筑的运行评价，也可在设计评价中进行预审。无非传统水源利用设施的项目不参评。

本条是在本标准控制项第10.1.4条的基础上所提出的更高要求。使用非传统水源的场合，其水质的安全性十分重要。为保证合理使用非传统水源，实现节水目标，必须定期对使用的非传统水源的水质进行检测，并对其水质和用水量进行准确记录。所使用的非传统水源应满足现行国家标准《城市污水再生利用 城市杂用水水质》GB/T 18920 的要求。非传统水源的水质检测间隔应不小于1个月，同时，应提供非传统水源的供水量记录。

本条的评价方法为：运行评价查阅非传统水源的检测、计量记录；设计评价预审时，查阅非传统水源的水表设计文件。

10.2.8 本条适用于各类民用建筑的运行评价，也可在设计评价中进行预审。

通过智能化技术与绿色建筑其他方面技术的有机结合，可望有效提升建筑综合性能。由于居住建筑/居住区和公共建筑的使用特性与技术需求差别较大，故其智能化系统的技术要求也有所不同，但系统设计上均要求达到基本配置。此外，对系统工作运行情况也提出了要求。

居住建筑智能化系统应满足《居住区智能化系统配置与技术要求》CJ/T 174 的基本配置要求，主要评价内容为居住区安全技术防范系统、住宅信息通信系统、居住区建筑设备监控管理系统、居住区监控中心等。

公共建筑的智能化系统应满足《智能建筑设计标准》GB/T 50314 的基础配置要求，主要评价内容为安全技术防范系统、信息通信系统、建筑设备监控管理系统、安（消）防监控中心等。国家标准《智能建筑设计标准》GB/T 50314 以系统合成配置的综合技术功效对智能化系统工程标准等级予以了界定，绿色建筑应达到其中的应选配置（即符合建筑基本功能的基础配置）的要求。

本条的评价方法为：运行评价查阅智能化系统竣工文件、验收报告及运行记录，并现场核查；设计评价预审时，查阅安全技术防范系统、信息通信系统、建筑设备监控管理系统、监控中心等设计文件。

10.2.9 本条适用于各类民用建筑的运行评价。

本条为新增条文。信息化管理是实现绿色建筑物业管理定量化、精细化的重要手段，对保障建筑的安全、舒适、高效及节能环保的运行效果，提高物业管理水平和效率，具有重要作用。采用信息化手段建立完善的建筑工程及设备、能耗监管、配件档案及维修记录是极为重要的。本条第 3 款是在本标准控制项第10.1.3、10.1.5 条的基础上所提出的更高一级的要求，要求相关的运行记录数据均为智能化系统输出的电子文档。应提供至少一年的用水量、用电量、用气量、用冷热量的数据，作为评价的依据。

本条的评价方法为：运行评价查阅针对建筑物及设备的配件档案和维修的信息记录，能耗分项计量和监管的数据，并现场核查物业信息管理系统。

Ⅲ 环 境 管 理

10.2.10 本条适用于各类民用建筑的运行评价。

本条是在本标准控制项第10.1.1 条的基础上所提出的更高要求。无公害病虫害防治是降低城市及社区环境污染、维护城市及社区生态平衡的一项重要举措。对于病虫害，应坚持以物理防治、生物防治为主，化学防治为辅，并加强预测预报。因此，一方面提倡采用生物制剂、仿生制剂等无公害防治技术，另一方面规范杀虫剂、除草剂、化肥、农药等化学药品的使用，防止环境污染，促进生态可持续发展。

本条的评价方法为：运行评价查阅病虫害防治用品的进货清单与使用记录，并现场核查。

10.2.11 本条适用于各类民用建筑的运行评价。

对绿化区做好日常养护，保证新栽种和移植的树木有较高的一次成活率。发现危树、枯死树木应及时处理。

本条的评价方法为：运行评价查阅绿化管理报告，并现场核实和用户调查。

10.2.12 本条适用于各类民用建筑的运行评价，也可在设计评价中进行预审。

重视垃圾收集站点与垃圾间的景观美化及环境卫生问题，用以提升生活环境的品质。垃圾站（间）设冲洗和排水设施，并定期进行冲洗、消杀；存放垃圾能及时清运，并做到垃圾不散落、不污染环境、不散发臭味。本条所指的垃圾站（间），还应包括生物降解垃圾处理房等类似功能间。

本条评价方法为：运行评价现场考察和用户抽样调查；设计评价评审时，查阅垃圾收集站点、垃圾间等冲洗、排水设施设计文件。

10.2.13 本条适用于各类民用建筑的运行评价。

本条是在本标准控制项第10.1.2条的基础上所提出的更高一级的要求。垃圾分类收集就是在源头将垃圾分类投放，并通过分类的清运和回收使之分类处理或重新变成资源，减少垃圾的处理量，减少运输和处理过程中的成本。除要求垃圾分类收集率外，还分别对可回收垃圾、可生物降解垃圾（有机厨余垃圾）提出了明确要求。需要说明的是，对有害垃圾必须单独收集、单独运输、单独处理，这是《城镇环境卫生设施设置标准》CJJ 27—2005的强制性要求。

本条的评价方法为：运行评价查阅垃圾管理制度文件、各类垃圾收集和处理的工作记录，并进行现场核查和用户抽样调查。

11 提高与创新

11.1 一 般 规 定

11.1.1 绿色建筑全寿命期内各环节和阶段，都有可能在技术、产品选用和管理方式上进行性能提高和创新。为鼓励性能提高和创新，在各环节和阶段采用先进、适用、经济的技术、产品和管理方式，增设了相应的评价项目。比照"控制项"和"评分项"，本标准中将此类评价项目称为"加分项"。

加分项内容，有的在属性分类上属于性能提高，如采用高性能的空调设备、建筑材料、节水装置等，鼓励采用高性能的技术、设备或材料；有的在属性分类上属于创新，如建筑信息模型（BIM）、碳排放分析计算、技术集成应用等，鼓励在技术、管理、生产方式等方面的创新。

11.1.2 加分项的评定结果为某得分值或不得分。考虑到与绿色建筑总得分要求的平衡，以及加分项对建筑"四节一环保"性能的贡献，本标准对加分项附加得分作了不大于10分的限制。附加得分与加权得分相加后得到绿色建筑总得分，作为确定绿色建筑等级的最终依据。

某些加分项是对前面章节中评分项的提高，符合条件时，加分项和相应评分项可都得分。

11.2 加 分 项

Ⅰ 性 能 提 高

11.2.1 本条适用于各类民用建筑的设计、运行评价。

本条是第5.2.3条的更高层次要求。围护结构的热工性能提高，对于绿色建筑的节能与能源利用影响较大，而且也对室内环境质量有一定影响。为便于操作，参照国家有关建筑节能设计标准的做法，分别提供了规定性指标和性能化计算两种可供选择的达标方法。

本条的评价方法为：设计评价查阅相关设计文件、计算分析报告；运行评价查阅相关竣工图、计算分析报告，并现场核实。

11.2.2 本条适用于各类民用建筑的设计、运行评价。

本条是第 5.2.4 条的更高层次要求，一般情况下就是能源效率等级 1 级的要求。能源效率等级 1 级是对于产品能效等级的最高要求，可以认为能效 1 级的空调冷热源机组在性能上比其他机组有很大的提高。目前，现行有关标准包括《冷水机组能效限定值及能源效率等级》GB 19577、《单元式空气调节机能效限定值及能源效率等级》GB 19576、《房间空气调节器能效限定值及能效等级》GB 12012.3、《转速可控型房间空气调节器能效限定值及能源效率等级》GB 21455、《多联式空调（热泵）机组能效限定值机能源效率等级》GB 21454、《房间空气调节器能效限定值及能源效率等级》GB 12021.3、《家用燃气快速热水器和燃气采暖热水炉能效限定值及能效等级》GB 20665 等。

在设计文件中要注明对供暖空调系统的冷、热源机组的能效等级要求和相应的参数或标准。供暖空调系统的全部冷、热源机组的能效等级比现行国家标准《公共建筑节能设计标准》GB 50189 的规定值或国家相关产品标准的能效限定值提高两个等级，方可认定达标。没有相关产品能效等级标准的可暂时不参评。今后当其他冷、热源机组出台了相应标准时，按同样的原则进行要求。

本条的评价方法为：设计评价查阅暖通空调专业施工图纸、设计说明书、产品说明书；运行评价应查阅竣工图纸、设计说明书、产品说明书、主要产品型式检验报告、运行记录、第三方检测报告等，并现场检查。

11.2.3 本条适用于各类公共建筑的设计、运行评价。

分布式热电冷联供系统为建筑或区域提供电力、供冷、供热（包括供热水）三种需求，实现能源的梯级利用。

在应用分布式热电冷联供技术时，必须进行科学论证，从负荷预测、系统配置、运行模式、经济和环保效益等多方面对方案做可行性分析，严格以热定电，系统设计满足相关标准的要求。

本条的评价方法为：设计评价查阅相关设计文件、计算分析报告（包括负荷预测、系统配置、运行模式、经济和环保效益等方面）；运行评价查阅相关竣工图、主要产品型式检验报告、计算分析报告，并现场核实。

11.2.4 本条适用于各类民用建筑的设计、运行评价。

本条是第6.2.6条基础上的更高层次要求。绿色建筑鼓励选用更高节水性能的节水器具。目前我国已对部分用水器具的用水效率制定了相关标准，如：《水嘴用水效率限定值及用水效率等级》GB 25501—2010、《坐便器用水效率限定值及用水效率等级》GB 25502—2010、《小便器用水效率限定值及用水效率等级》GB 28377—2012、《淋浴器用水效率限定值及用水效率等级》GB 28378—2012、《便器冲洗阀用水效率限定值及用水效率等级》GB 28379—2012，今后还将陆续出台其他用水器具的标准。

在设计文件中要注明对卫生器具的节水要求和相应的参数或标准。卫生器具有用水效率相关标准的，应全部采用，方可认定达标。

本条的评价方法为：设计评价查阅相关设计文件、产品说明书；运行评价查阅相关竣工图、产品说明书、产品节水性能检测报告，并现场核实。

11.2.5 本条适用于各类民用建筑的设计、运行评价。

绿色建筑应从节约资源和环境保护的要求出发，在保证安全、耐久的前提下，尽量选用资源消耗小和环境影响小的建筑结构体系。钢铁的循环利用性好，而且回收处理后仍可再利用；木材是一种可持续的建材，但是需要以森林的良性循环为支撑，在技术经济允许的条件下，利用从森林资源已形成良性循环的国家进口的木材是可以鼓励的；钢-混凝土组合结构能够充分发挥钢材和混凝土这两种材料各自的优点，提高了材料利用率，可显著减少材料用量；配筋砌块砌体剪力墙结构实现了材料的节能利废环保和工业化，工程上节省材料、人工和措施费，具有显著的低碳特性；预制构件可实现结构设计标准化，构件生产工业化，施工安装装配化，可提升建筑结构性能品质，综合低碳减排。因此，当主体结构因地制宜地采用钢结构、木结构、钢-混凝土组合结构、配筋砌块砌体剪力墙结构，或预制构件用量不小于60%的钢筋混凝土结构，则本条可得分。对其他情况，尚需经充分论证后方可申请本条评价。

本条的评价方法为：设计评价查阅相关设计文件、计算分析报告；运行评价查阅竣工图、计算分析报告，并现场核实。

11.2.6 本条适用于各类民用建筑的设计、运行评价。

主要功能房间主要包括间歇性人员密度较高的空间或区域（如会议室等），以及人员经常停留空间或区域（如办公室的等）。空气处理措施包括在空气处理机组中设置中效过滤段、在主要功能房间设置空气净化装置等。

本条的评价方法为：设计评价查阅暖通空调专业设计图纸和文件；运行评价查阅暖通空调专业竣工图纸、主要产品型式检验报告、运行记录、第三方检测报告等，并现场检查。

11.2.7 本条适用于各类民用建筑的运行阶段评价。

本条是第8.1.7条的更高层次要求。以TVOC为例，英国BREEAM新版文件的要求已提高至300 $\mu g/m^3$，比我国现行国家标准还要低不少。甲醛更是如此，多个国家的绿色建筑标准要求均在50~60 $\mu g/m^3$ 的水平，相比之下，我国的0.08 mg/m^3 的要求也高出了不少。在进一步提高对于室内环境质量指标要求的同时，也适当考虑了我国当前的大气环境条件和装修材料工艺水平，因此，将现行国家标准规定值的70%作为室内空气品质的更高要求。

本条的评价方法为：运行评价查阅室内污染物检测报告（应

142

依据相关国家标准进行检测），并现场检查。

11.2.8 本条适用公建的设计、运行评价。

2008 年 8 月国务院颁布的《公共机构节能条例》第十四条规定：公共机构应当实行能源消费计量制度，区分用能种类、用能系统实行能源消费分户、分类、分项计量，并对能源消耗状况进行实时监测，及时发现、纠正用能浪费现象。第三条规定：公共机构应当加强用能管理，采取技术上可行、经济上合理的措施，降低能源消耗，减少、制止能源浪费，有效、合理地利用能源。目前各地建立了能管系统，实现了对能源消耗状况进行实时监测，但缺少纠正用能浪费现象的机制，不能有效地指导能源管理。本条在于鼓励拓展能管系统的功能，降低能源消耗。

本条的评价方法为：设计评价查阅有关文档（含设计说明、施工图和计算书）、设备的说明书；运行评价审核相关竣工图、设备的检测报告、运行记录，并现场核实。

11.2.9 本条适用于各类民用建筑的运行阶段评价。

冬期施工采用新型节能施工工艺，节能 10%，评价分值为 1 分。

本条是第 9.2.13 条的更高层次要求。冬期施工是黑龙江省建筑工程施工的一个必经环节，冬期施工方法采用蒸汽法最为保守，但是耗能量巨大，因此，鼓励采用更加节能的施工方法进行施工，采用冬期施工所进行的专项施工方案耗能量计算与蒸汽法冬期施工耗能量做比较，耗能率降低 10% 及以上即可赋予 1 分。

本条的评价方法为：审阅专项施工方案耗能量计算书与蒸汽法冬期施工耗能量计算与施工内业记录。

Ⅱ　创　　新

11.2.11 本条适用于各类民用建筑的设计、运行评价。

本条主要目的是为了鼓励设计创新，通过对建筑设计方案的优化，降低建筑建造和运营成本，提高绿色建筑性能水平。例如，建筑设计充分体现我国不同气候区对自然通风、保温隔热等节能特征的不同需求，建筑形体设计等与场地微气候结合紧密，应用自然采光、遮阳等被动式技术优先的理念，设计策略明显有利于降低空调、供暖、照明、生活热水、通风、电梯等的负荷需求、提高室内环境质量、减少建筑用能时间或促进运行阶段的行为节能等。

本条的评价方法为：设计评价查阅相关设计文件、分析论证报告；运行评价查阅相关竣工图、分析论证报告，并现场核实。

11.2.12 本条适用于各类民用建筑的设计、运行评价。

虽然选用废弃场地、利用旧建筑具体技术存在不同，但同属于项目策划、规划前期均需考虑的问题，而且基本不存在两点内容可同时达标的情况，故进行了条文合并处理。

我国城市可建设用地日趋紧缺，对废弃地进行改造并加以利用是节约集约利用土地的重要途径之一。利用废弃场地进行绿色建筑建设，在技术难度、建设成本方面都需要付出更多努力和代价。因此，对于优先选用废弃地的建设理念和行为进行鼓励。本条所指的废弃场地主要包括裸岩、石砾地、盐碱地、沙荒地、废窑坑、废旧仓库或工厂弃置地等。绿色建筑可优先考虑合理利用废弃场地，采取改造或改良等治理措施，对土壤中是否含有有毒物质进行检测与再利用评估，确保场地利用不存在安全隐患，符合国家相关标准的要求。

本条所指的"尚可利用的旧建筑"系指建筑质量能保证使用安全的旧建筑，或通过少量改造加固后能保证使用安全的旧建筑。虽然目前多数项目为新建，且多为净地交付，项目方很难有权选择利用旧建筑。但仍需对利用"可利用的"旧建筑的行为予以鼓励，防止大拆大建。对于一些从技术经济分析角度不可行，但出于保护文物或体现风貌而留存的历史建筑，由于有相关政策或财政资金支持，因此不在本条中得分。

本条的评价方法为：设计评价查阅相关设计文件、环评报告、旧建筑利用专项报告；运行评价查阅相关竣工图、环评报告、旧建筑利用专项报告、检测报告，并现场核实。

11.2.13 本条适用于各类民用建筑的设计、运行评价。

建筑信息模型（BIM）是建筑业信息化的重要支撑技术。BIM 是在 CAD 技术基础上发展起来的多维模型信息集成技术。BIM 是集成了建筑工程项目各种相关信息的工程数据模型，能使设计人员和工程人员能够对各种建筑信息做出正确的应对，实现数据共享并协同工作。

BIM 技术支持建筑工程全寿命期的信息管理和利用。在建筑工程建设的各阶段支持基于 BIM 的数据交换和共享，可以极大地提升建筑工程信息化整体水平，工程建设各阶段、各专业之间的协作配合可以在更高层次上充分利用各自资源，有效地避免由于数据不通畅带来的重复性劳动，大大提高整个工程的质量和效率，并显著降低成本。

本条的评价方法为：设计评价查阅规划设计阶段的 BIM 技术应用报告；运行评价查阅规划设计、施工建造、运行维护阶段的 BIM 技术应用报告。

11.2.14 本条适用于各类民用建筑的设计、运行评价。

建筑碳排放计算及其碳足迹分析，不仅有助于帮助绿色建筑项目进一步达到和优化节能、节水、节材等资源节约目标，而且有助于进一步明确建筑对于我国温室气体减排的贡献量。经过多年的研究探索，我国也有了较为成熟的计算方法和一定量的案例实践。在计算分析基础上，再进一步采取相关节能减排措施降低碳排放，做到有的放矢。绿色建筑作为节约资源、保护环境的载体，理应将此作为一项技术措施同步开展。

建筑碳排放计算分析包括建筑固有的碳排放量和标准运行工况下的资源消耗碳排放量。设计阶段的碳排放计算分析报告主要分析建筑的固有碳排放量，运行阶段主要分析在标准运行工况下建筑的资源消耗碳排放量。

本条的评价方法为：设计评价查阅设计阶段的碳排放计算分析报告，以及相应措施；运行评价查阅设计、运行阶段的碳排放计算分析报告，以及相应措施的运行情况。

11.2.15 本条适用于各类民用建筑的设计、运行评价。

冬季冰雪等自然冷能，存储在浅层土壤、地下室等保温空间，转年夏季通过泵房水处理、储冷换热等环节将这些冷能资源置换出来，并用于空调制冷系统。黑龙江省冬季冰雪资源丰富，将大量的冬季冰雪应用到夏季制冷中，是黑龙江省夏季室内环境制冷空调节能的一个优势发展方向，因此鼓励在此方向的技术创新。

本条的评价方法为：设计评价时查阅相关设计文件、分析论证报告；运行评价时查阅相关竣工图、分析论证报告，并现场核实。

11.2.16 本条适用于各类民用建筑的设计、运行评价。

本条主要是对前面未提及的其他技术和管理创新予以鼓励。对于不在前面绿色建筑评价指标范围内，但在保护自然资源和生态环境、节能、节材、节水、节地、减少环境污染与智能化系统建设等方面实现良好性能的项目进行引导，通过各类项目对创新项的追求以提高绿色建筑技术水平。

当某项目采取了创新的技术措施，并提供了足够证据表明该技术措施可有效提高环境友好性，提高资源与能源利用效率，实现可持续发展或具有较大的社会效益时，可参与评审。项目的创新点应较大地超过相应指标的要求，或达到合理指标但具备显著降低成本或提高工效等优点。本条未列出所有的创新项内容，只要申请方能够提供足够相关证明，并通过专家组的评审即可认为满足要求。

本条的评价方法为：设计评价时查阅相关设计文件、分析论证报告；运行评价时查阅相关竣工图、分析论证报告，并现场核实。